U0181611

后浪出版公司

できれば服にお金と時間を使いたくない
ひとのための一生使える服選びの法則

基本穿搭

适用一生的穿衣法则

［日］大山旬＿著　肖潇＿译

四川人民出版社

前　言

你有没有被下面这几条说中？

- 大部分的衣服来自超市和量贩店
- 与学生时代相比，穿衣风格几乎没有变化
- 喜欢穿尺码上略有富余的宽松服装
- 衣服大多是母亲或者妻子帮忙选购的
- 与简洁的款式相比，更喜欢设计繁复的服装
- 五年前购买的，已经皱皱巴巴的衣服至今还穿在身上
- 有很多当初一见钟情，之后却束之高阁的衣服
- 喜欢带有木耳边，稍显可爱的衣服

以上所提到的，都是在大街上常见的搭配例子。恐怕有些人看过之后会觉得"这说的明明就是我啊"。

提到服饰搭配，恐怕有人会觉得麻烦，或者认为那是热爱时尚的人才会乐在其中的事情，因此敬而远之。然而，这并不是什么难事，只要掌握一些基本知识，运用少量单品就可以完成出色的搭配。你需要的不是感觉，而是技巧。

　　作为私人造型设计师，迄今为止，我已经帮助 1000 多位客户改进了他们的穿搭方式。在我的客户当中，既有公司职员、公务员，也有全职太太，总之大部分都是平凡的普通人。

　　虽然是私人造型设计师，但我并不会一味强调设计，向客户推荐价格高昂的名牌商品。如果我们的目标是打扮成时尚杂志上所刊登的"100 分的装扮"，那样的物品的确是必不可少的。但是，一旦购买了那些设计独特的单品，就会发现它们很难与其他单品搭配起来使用，因此我并不推荐。

　　我想要推荐给各位的，是款式简洁的短外套、素色衬衫、直筒牛仔裤这一类非常普通的单品。实际上，拥有最低数量的这类普通单品，搭配起来最为方便。如果衣柜里全部是款式简洁的单品，那么无论怎样搭配都不会出错。永远不需要犯难，就能够轻松搭配出80 分的好效果。而且，这些基本款的价格也多是在我们的预算内。这才是一旦掌握就会受用一生的择衣法则。

在本书中，我会把作为私人造型设计师所掌握的知识毫无保留地传授给各位。首先，只要阅读完讲述服饰选择基本思路的Part 1，选择合适的服装对各位来说就不再是什么难题了。Part 2之后的部分介绍的是具体的门店、单品的选择方法，以及与店员沟通的技巧等。读到最后，各位应该会感觉到选择服饰是一件轻而易举的乐事。

我们每天都要穿衣服。我们身边的人也会从你的每日装扮当中对你产生不同的印象。如果能够掌握服饰选择的技巧，人们对你的印象也会焕然一新，我们的工作和生活也会由此变得更加充实（实际上，从我的客户那里，也听到了很多类似的反馈）。服饰的选择当中，蕴含着改变人生的力量。

请各位随我一起，在轻松愉快的气氛中掌握服饰选择的技巧吧。

目 录 *contents*

Part 3

单品选择的基础之基础

Part 4

把店员当作同伴，购物乐趣会提升百倍

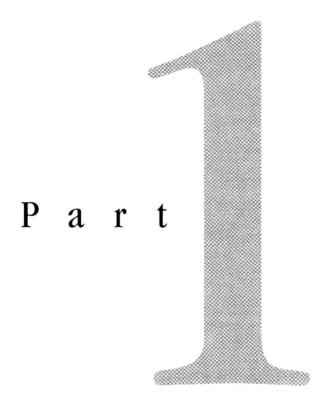

Part 1

只需牢记以下原则：
服饰选择的基础之基础

01
两类不擅长选择服饰的人

先说结论：想要将服装穿得大方得体，最需要的不是感觉，而是技巧。只要掌握了相关技巧，就能够展现出让周围人觉得"很有品位"的时尚感。然而，想要掌握最基本的技巧，最重要的是重新审视自己目前所拥有的服装，改变迄今为止对服装所持有的误解，以崭新的心情投入学习当中。

在日常工作中，我从各种各样的客户身上注意到不擅长选择服饰的人大致会分为以下两种类型。

无固定风格型

首先登场的是"**无固定风格型**"的人。此类人的特征在于对自己的穿着打扮没有太大的兴趣，穿着打扮方面与学生时代相比几乎没有什么变化。他们选择服装的标准有三项："价格便宜""穿着舒适"和"具备功能性"。同样用以上三点选择服装的人一定要引起注意。无固定风格的人，可以连续数年穿着皱皱巴巴的衣服，也可以一直穿设计过时的衣服，因此，很容易给周围人留下"感觉很疲惫"的印象。

无固定风格型

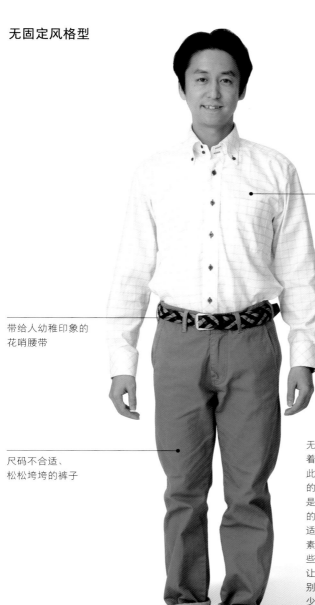

过大的格纹、
带颜色的纽扣

带给人幼稚印象的
花哨腰带

尺码不合适、
松松垮垮的裤子

无固定风格型的人，对穿着打扮完全没有兴趣，因此会一直穿着多年前购买的衣服，这些衣服可能还是妻子或母亲帮忙选购的。由于服装设计多包括适应不同年份的流行元素，因此，数年以后，这些曾经的流行元素反而会让人觉得陈旧。此外，请别人代为选购的过程中缺少了试穿环节，这也是不对的。平时穿西服套装看不出什么，一旦换成日常的休闲款式，就会让周围的人产生一种幻灭感。

但是，由于这种类型的人对于服装没有什么偏好，所以只要下决心进行改进，往往能够比较顺利地解决问题。

别具一格型

另外一种类型是"**别具一格型**"。实际上，在不擅长时尚穿搭的人中，大约有七成都可以归到这一类。如果你认为服装"应该自由选择自己喜欢的来穿"，那么很有可能你就是别具一格型的一员。现在，你为什么要选择阅读这本书呢？是不是并非讨厌服装，而是感觉对于自己在穿搭方面没有信心？那么，就请对照下面的条目来确认一下吧。

● 拥有很多买的时候觉得还好，实际上并不适合自己的服装

● 衣柜里总是满满当当的，舍不得扔衣服

● 买回来的衣服全部都是很相似的风格

● 刚好路过某家店铺，看到一件衣服就不假思索地买下来

● 有时会被人评价"真有个性啊"，但是没有得到过"真会打扮呀"这样的评价

别具一格型

带给人幼稚印象的帽子

花纹华丽复
杂的衬衫

身长过短的短外套

别具一格型的人对时尚并
不反感。他们多是秉承
"应该穿想穿的衣服"这
一理念，而丧失了客观的
立场。时尚有其最基本的
法则，如果不了解这样的
法则，而是一味张扬个
性，难免会买回视觉冲击
感强烈的衣服，使得整体
的穿着品位变差。但是即
便如此，依旧有许多人对
自己充满信心，完全没有
意识到问题所在。

● 喜欢有视觉冲击感的衣服，很少穿毫无特点的衣服
● 虽然拥有大量衣服，但是真正看得上的却很少

　　怎么样？符合三项以上的人，就极有可能属于别具一格型。别具一格型的人会有意识地在自己的服饰穿搭方面下功夫，因而很难发现自己存在的问题。所以，他们需要做的第一件事，就是认识到自己属于别具一格型。

想要穿着大方得体，需要的不是感觉而是技巧

　　那么，这两类不擅长选择服饰的人，应该怎样解决自己所遇到的问题呢？实际上，无论你属于其中哪一种，解决方案都是一样的。只要了解了最基础的技巧，就能够使问题得到解决。

　　"在时尚方面，难道最重要的不是感觉吗？"

　　突然提到这个话题，可能很多人都会冒出这样的想法。的确，如果寻根究底，时尚确实需要感觉。而且，感觉这种东西并不是靠一朝一夕就能培养出来的。但是，手捧这本书的你，最终目标真的是成为"超级时尚达人"吗？如果是想成为时尚杂志上那种时尚弄潮儿，需要具备较强的时尚感，这种感觉需要长年累月地积累和磨

炼才能获得。如果你的目标只是能够获得周围人好感，那么就完全不必担心自己有没有所谓的时尚感。只要能掌握相应的知识，就能够选出适合自己成年人身份的服装。

所以，成年人想要穿着大方得体，最重要的不是"感觉"，而是"最低限度的必备知识"。

02

选择服饰时，普通最重要

不擅长选择服饰的你，现在穿什么才合适呢？**你需要的只是"款式简洁的上装"和"款式简洁的下装"，再加上"能够长久利用的，质地精良的小配饰"，仅此而已。**咦？仅此而已？或许很多人会觉得很吃惊。但实际上，对成年人来说，时尚最重要的就是"**普通**"。提到"时尚"，很容易让人联想到华丽的东西，然而我们真正需要的单品恰恰与华丽相反，是极其普通平常的服装。

我常常会问我的客户，"你理想当中的时尚是什么样子的？"无论男女，都会给出这样的回答——"不要太扎眼""不要令人感到难为情""看上去大方得体"。这些回答的共同之处就是"普通"。如果你正为选择服装的事情而感到烦恼，那么你想要的，其实并不是打扮得超级华丽和夸张，而是或多或少能够给对方留下好印象的服装，对不对？如果确实如此，那么就**请在追求自我和张扬个性之前，先把目标定在最平凡的"普通"打扮上吧。**

实际上，由于打扮过度而弄巧成拙的事例屡见不鲜。毕竟不是每个人都喜欢时尚杂志上模特们的穿着打扮。花费不多，也不会过于夸张的"普通的服装"，同样也能为你带来充足的好感。

那么，在选择服饰的时候，所谓的"普通"究竟是什么样的呢？我认为，能体现"成年人的普通的时尚穿搭"的衣服，应该具备如下四个特点：

- 基本款
- 清新自然
- 有清爽感
- 款式简洁

具备上述四个要素的服装，乍一看并不华丽，看上去没有什么让人觉得时尚的元素，但是穿上就会发现它能够自然而然地与身体相贴合，能够感受到上乘的品质和品位。只有这样的服装，才是"成年人的普通的时尚搭配"当中所不可或缺的。

成年人的"普通"的
时尚穿搭

由衬衫、短外套和长裤所
组成的普通的时尚穿搭。
本书的目标，就是实现这
种"成年人的普通的时尚
穿搭"，没有华丽的花纹
和过度的装饰，只要掌握
一定量的单品的颜色、尺
码、材质的相关知识，任
何人都能轻松掌握穿搭的
技巧。

然而，即便如此，一定有些人"还是想要穿自己喜欢的服装"。请试想一下，穿衣打扮是为了给谁看呢？恐怕很多人会说"是为了自己"。但是，如果不走到镜子前，你根本看不见自己身上正穿着的衣服。**也就是说，平时看见你穿着打扮的，其实是除你自己以外的其他人。**

如果是在学生时代，可能只要自己穿得高兴就可以了。但是成年人的时尚穿搭当中，很重要的一点就是要意识到"（穿着打扮）会导致别人怎样看待自己"。这是因为，**穿着打扮是向别人展示"自己是一个什么样的人"的方式之一。**即便已经是个成年人，如果给人的第一印象是"懒懒散散"或者"好像没什么基本教养的样子"，那么后续想要改变这种负面印象会非常困难。无论在工作中还是生活中，都应该注意至少不要让服装为自己减分。这样小小的心思日积月累，会让你的生活变得更加丰富。

此外，在与客户交流的过程中，我常常会被问到："节假日和休息时间能随心所欲地穿衣服吗？"然而实

03

穿衣打扮是为了给谁看？

际上，想要随心所欲绝非易事。即便能够无师自通地将成年人的时尚穿搭运用自如，但如果对购物的店铺不够了解，就会出现不知道买什么好的情况。正因为如此，事先学习和储备一些成年人时尚穿搭的基本知识会很有帮助。

　　成年人的时尚穿搭不仅仅是为了自己，也是维持与周围人之间良好关系所必不可少的手段之一。实际上，在我的客户当中，由于改变了着装从而增强了自信，即使面对初次见面的人也变得能够毫不紧张地进行沟通交流的人不在少数。还有一些原本一直单身的人，在发生改变后找到了自己的如意伴侣，最终携手步入了婚姻殿堂。基于以上经验，我可以断言：**服装具有"改变人生"的神奇力量。**

想要掌握服饰选择的基本原则，最重要的是要理解什么是"基本款服饰"。那么，具体来说，究竟什么样的服饰才被称为"基本款服饰"呢？举例来说，本页的左侧有两件衬衫，哪一件看起来更时尚呢？

04 『基本款服饰』的选择思路

这两件衬衫最大的区别在于"纽扣的颜色"和"线的颜色"。认为上面那件比较时尚的各位需要注意了。不擅长服饰选择的人，往往会被"具有明显特征的设计"所吸引。然而实际上，这样的设计并不符合成年人的时尚穿搭风格。因为这样的设计看上去过于华丽，会带给对方一种刻意展示的感觉。

　　正如我此前反复强调的，对于成年人的时尚穿搭而言，"普通"非常重要。实际上，最重要的就是选择一眼看过去没有什么显著特征的衬衫。一件好的衣服，应该没有特别明显的装饰，款式简洁。在选择基本款服饰时，请按照以下三条原则认真进行确认。

白色的正装衬衫。即便是如此简洁的设计，只要版型足够好，也能展现良好的穿衣品位。

尽量选择简洁的"无图案"服装

　　基本款的服装应该是"无图案"的。尤其是在选择衬衫、T恤、裙子时，千万不要轻易购买带有文字、花纹等明显特征的商品。纹饰的选择是有技巧的。一旦选择不当，恐怕就会给人留下廉价的印象。不要一下子跨度太大，而是**首先选择简洁的"无图案"款式最为重要。**

选择易于搭配的纯色服饰

　　基本款服饰不会使用过多的颜色。有很多衬衫，虽然看起来是素色的，但是在衣领处采取了双层设计，或者在衣领内侧采用了窝边的处理方式。使用了多种颜色的服装容易给人一种乱糟糟的印象，难以把握其中的平衡，很容易看上去显得廉价，因此有必要引起各位的注意。**请首先尝试选择纯色的服装。**

纯灰色的 POLO 衫。设计简洁，
非常容易搭配，是夏季的好选
择。与短外套搭配在一起也很
好看。

不带有冗余装饰的服装

  与花纹一样，刺绣、蕾丝这一类的装饰物也是为时尚弄潮儿准备的，因此在服饰选择的初级阶段，请克制住那颗想把它们收入囊中的心。带有装饰的服装摆在店里十分显眼，因此会让人觉得它们魅力十足。然而，实际生活中将带有这些装饰物的单品穿在身上出门，大多会显得有些廉价。因此，**请尽量选择款式简洁，没有任何装饰物的服装。**

  请先尝试在牢记以上三点的前提下购买服装。或许有人会认

下摆扎进裤子里穿的浅蓝色衬衫。没有任何的装饰物和花纹，却能够带给别人高贵的印象，让人充分感受到剪裁和质地的精良。

为"基本款穿起来会不会显得太无趣了"，其实这是一种误解。正是因为这些基本款的单品不会凸显出各自的强烈个性，才能够组合在一起，构成大方得体的搭配。成年人时尚穿搭的要点之一，即不追求强烈宣扬个性，而是通过组合的方式搭配出具有个人色彩的穿着。

正如前面所提到的例子，我们很容易被特征明显的设计所吸引。与没有明显特点的朴素的衬衫相比，我们似乎更愿意选择看上去在设计上花了很多心思的衬衫。然而，**那种第一眼看上去觉得有些土气的衬衫，真正穿在身上的时候，才会体会到它作为一件好衬衫所具备的优良版型。**

在我所服务的客户当中，很多人穿上版型好的衣服后，震惊地发现"穿上马上就显得瘦了！"这是因为版型好的衣服摒弃了无用的部分，将关注点放在了如何更好地贴合身体上。在服装设计当中，最重要的不是在装饰上下功夫，而是让任何体形的人都能看上去更美。**设计精良的服装，具有让人的身材看上去更加挺拔的效果。**

此外，关于"功能性"，也有必要引起各位的注意。如果单纯只重视"功能性"，时尚就会走向休闲的方向。举例来说，在街上随处可见的，那种设计介于运动鞋和皮鞋之间的鞋子。

05

不擅长选择服饰的人往往拘泥于细节和功能

确实，这种看上去像是皮鞋的鞋子走路轻便。与皮鞋相比，它更易于穿和脱，走路时脚感更为舒适。但是，这种鞋却给人一种不伦不类的感觉。如果你重视的是走路时的脚感，那么就没有必要同时选择皮鞋的外观。

　　市面上有类似 New Balance 这种，与成年人的时尚风格相匹配的运动鞋。如果一味追求功能性，那么就会导致外观上的不伦不类，还不如直接选择运动鞋更为合适。如果想穿皮鞋，那么请选择类似翻毛皮这种，材质更贴合脚部、款式简洁的皮鞋。

　　成年人的时尚穿搭不能呈现出过度休闲化的状态。为了避免失衡，请有意识地适度保持成人化的风格。

照片中的这双鞋虽然穿起来方便，但是并不好看。请选择类似采取翻毛皮工艺的那种皮鞋，或者类似 New Balance 那种运动鞋。

对于基本款服饰而言，选择尺码变得尤为重要。老实说，看着大街上来来往往的人，真正穿着合适尺码衣服的人并不多。无论多么好的衣服，一旦尺码不对，也就失去了它应有的价值。

举例来说，在本书的下一页，展示了两套在设计方面很相似的服装。其中一套是集合了各种设计元素，但尺寸不合适的服装。另一套是款式简洁但尺寸非常合适的服装。究竟哪一套给你的第一印象更好呢？实际上，后者给人的印象要好得多。即便是很昂贵的衣服，如果尺码不合适，看上去反而会显得很廉价，比便宜的衣服看起来更邋遢。**实际上，服装的好坏在很大程度上取决于"版型"。**如果穿上款式简洁尺码合适的服装，那么服装本身看上去也会显得更好。

既然如此，为什么还会有那么多人选错了尺码呢？实际上，在我的客户当中，喜欢衣服稍宽松一点儿的也大有人在。其中的原因多半都是为了隐藏自己的身材缺陷。毫无疑问，这是一个巨大的错误。服装的尺码变大，整个人的轮廓看起来也会变大，会给人一种邋遢的

06

服饰选择七成由尺码决定

✖ 尺码不合适的服装　　　　　　　**○ 尺码合适的服装**

如果选择左边这种偏大的衣服，身体
的轮廓就会被破坏，显胖。右边的服
装不仅躯干部分很合身，手腕的包裹
和袖子的长度也恰好合适，穿上后能
够很好地展现出个人的风范。

印象。选择尺码的要点在于，与其偏大，不如选择偏小一点儿的尺码。在试穿时，请在试穿平时选择的尺码的同时，也拿一件小一码的试穿一下。此时，很重要的一件事是，不要只依赖自己的判断。请务必也参考一下店员的建议。

或许有人会问："但是，如果小一码，穿上紧巴巴的，会不会显得很难看？"当然，如果尺码过小，穿上绝对不会好看。**但是在这里我想要表达的是："希望大家质疑一下平时一直选择的尺码"**。总是想着"时尚就应该随心所欲穿喜欢的衣服"的人，由于无法客观地看待自己，因此并不擅长判断目前正在穿着的尺码是否真的合适。因此有必要重新审视一下在尺码选择方面自己的做法究竟是不是正确的。

例如，即便同样是 M 号，随着时代的变化和身材的变化，以及每家店铺和品牌的不同，所要做出的选择也不一样。有时候可能 S 号穿上刚刚好，也有的时候可能 L 号恰恰最合适。在选购服装的时候，请务必试穿一下，以找出最适合自己的正确尺码。有时候也要试穿一下小一号的服装，尽量选出最贴合身体的尺码。另外也请征求一下店员的意见。

07

质胜于量！给衣柜来一场断舍离

实际上，想要从根本上改进自己的时尚品位，最需要做的不是"买买买"而是"扔扔扔"。每次与客户见面前，我都要问"您做好扔掉大部分现有衣服的思想准备了吗？"之所以这样问，是因为想要改进自己的时尚品位，有必要对自己迄今为止的价值观进行一次彻底的重置。**如果不能做好"扔东西的思想准备"，就无法取得进步。**一周时间里，最多只需要准备 7 套衣服。尽管如此，你的衣柜里是不是依旧堆满了各种根本没机会穿的衣服？我曾经数次参观客户的衣柜，大部分的衣柜里都堆满了基本没机会穿的衣服。

不擅长时尚搭配的人，大部分都是无法丢弃物品的人。其结果就是衣柜里塞得满满当当的。

结果就是，很多人每天早上都为选择合适的衣服而烦恼，或者因为买新衣服的事情而纠结。因此，下决心对衣柜进行一次彻底重置非常重要。下面这几类衣服，可以全部丢掉。

- 款式不够简洁的衣服
- 尺寸不合适的衣服
- 拉链不好用的衣服
- 已经穿旧了的衣服
- 一年以上没穿过的衣服

无论拥有多少衣服，"常穿的衣服"都是有限的。请只留下穿上后会让你感到心情更好的衣服，其余的全部丢掉。即使是好不容易买来的新衣服，如果直接扔进乱糟糟的衣柜里，那么也会变成无用的东西。说句大胆的话，**就从丢掉大部分现有的衣服做起吧。在丢弃的过程中，新的时尚品位也会悄然降临在你身上。**

08

总结

你准备好了吗？那么就马上开始你全新的服饰选择的第一步吧。只要掌握了相应的技巧，就能实现成年人的时尚穿搭。所谓技巧，就是要明白，在成年人的时尚穿搭方面，"普通"是最重要的。其中包括没有图案的服装、没有装饰的服装、纯色的服装。请首先尝试寻找一些这类让人觉得"普通"的单品。

持有"客观性"的立场也十分重要。始终考虑希望自己带给周围的人什么样的印象，是成年人时尚穿搭当中很重要的一点。

提到具体的操作方法，首先很重要的一点是彻底清理衣柜里现有的衣物。因为要购入新的衣服，所以请先在衣柜里为它们留出空间。

接下来，"成年人的时尚穿搭讲座"就要正式开始了。当你读完整本书，合上书页的时候，你的人生也会变得更加丰富而有趣！

Part **2**

首先从选择店铺开始——
按照预算和目的灵活选择
店铺的技巧

01

以什么样的标准选择店铺比较好呢？

在 Part 1 当中已经提到过，成年人的时尚穿搭当中，"普通"是最重要的。在接下来的 Part 2 当中，我想给各位介绍一下去哪里购买这些"普通"的服饰比较好。

世界上的商店多到数不清。你是不是也觉得在众多的选项当中找到适合自己的店铺是一件难事？实际上，选择店铺是有一些标准可以参考的。只要了解了这些标准，就不会选错。而且，只要没选错店铺，那么购物失败的可能性也就随之大大降低了。**说"服饰选择成功与否，一半是由所选择的店铺决定的"也不为过**。具体来讲，请参照以下三条标准来选择合适的店铺。

● 有大量基本款的服装可供选择
● 店员不会过于强势，能够轻松地试穿
● 对店员所穿的服装抱有好感

正如 Part 1 当中已经提到过的，成年人的时尚穿搭当中，"简洁"是很重要的。正因为如此，我们应该选择摆满了各种款式简洁的基本款服装的店铺。这听起来似乎是一件易如反掌的事情，但是真的去实地探查就会发现这样的店铺其实并不多见。这是因为，与出售简洁的基本款服饰相比，大街上更多的是充斥着流行元素的华丽服饰的店铺。虽然我们的目光很容易被那些显眼的设计所吸引，但是对我们而言，寻找出售款式简洁的基本款服饰的店铺才是要紧事。

在选择店铺的基础上，另一条重要的标准是"能够轻松地试穿"。

在我的客户当中，由于遭遇过店员的强势和过度热情，导致怕麻烦不愿意去买衣服的人不在少数。能否轻松愉快地试穿，是购物时一个非常重要的考量因素。正是通过不断试穿，才能选出适合自己的服装。试穿迄今为止没有尝试过的单品，能够逐渐发现一个全新的自己，从而使选择服饰的水平得到锻炼和提高。

在店里试穿时，可能会有一种无论试穿效果如何都得买下这件衣服的感觉，但实际上**完全没有必要认为只要试穿了就必须要买下来**。如果在试穿之后店员的服务方式让你觉得不舒服，那么就没有必要再去这家店了，应该去寻找更适合你的店铺。

在正式去购物之前，可以先暗地里进行一番观察。如果对店员的服务方式抱有好感，那么今后也可以多多光顾这家店。试穿的方法将会在 Part 4 当中做具体介绍。

还有一点，就是作为选择店铺的标准，需要事先确认"店员穿着什么样的服装"。因为店员会穿着店里在售的服装，因此只要看到店员的穿着打扮，就能在某种程度上判断出这家店铺是否能够满足你购买基本款服饰的愿望。在店员当中，也会有喜欢奇装异服和类似艺人打扮的人。可以先在店外悄悄观察都有什么样的店员。如果店员的穿着打扮与自己期望的服饰风格相去甚远，那么就该和这家店说"再见"了。在 Part 4 当中，我会具体介绍在进店时应该如何与店员进行沟通交流。

再梳理一遍前面提到的内容：摆放的全部都是基本款的商品；能够轻松试穿的环境；对店员的穿着打扮抱有好感。只要能够认清这三点，你的穿着打扮水平就已经提升了一大步。

接下来我将为大家具体介绍几类店铺。虽然世界上的店铺成千上万，但在这里，我想把大家日常能见到的、身边就有的店铺分成以下几类加以介绍。了解了这种分类，就能更清楚地了解到自己应该选择哪种类型的店铺。

我认为店铺大致可以分为六种类型。

首先是①**量贩店**。其特点在于拥有合理的价格区间，Right-on、JEANS MATE 和伊藤洋华堂就是其中的代表。

接下来是近年来备受关注的 H&M、Forever21 等②**快销类服饰店**。优衣库、GAP 和香蕉共和国也属于这个类型。

接下来，稍微改变一下切入点，说说③**西装店**这一类。THE SUIT COMPANY 和 SUIT SELECT 等西装专卖店就属于这一类型。最近，在这类西装专卖店里，也开始采用休闲类的服装面料了。

下面要提到的类型是④**精品店**。这是指在一家店里汇集了多种品牌商品的店铺。UNITED ARROWS、

TOMORROWLAND、BEAMS 就属于这一类型。

接着的类型是⑤**日本国内品牌**。其中男性品牌包括 COMME CA DU MODE、TAKEO KIKUCHI、MEN'S BIGI 等，女性品牌包括 NATURAL BEAUTY、UNTITLED 等百货商场里常见的品牌。

最后一种类型是⑥**国外品牌**。其中包括 Brooks Brothers、Burberry、Paul Smith 等百货商场里常见的品牌。

将这六种类型与前面定义过的内容结合起来，就能在一定程度上锁定推荐的店铺范围了。

在这些类型当中，希望各位能够积极利用的是②**快销类服饰店、③西装店和④精品店**。之所以做出这样的推荐，是因为在这几类店铺里，可以很容易地用合适的价格买到基本款单品。

接下来，我想要向大家介绍的是推荐的店铺及其特点，以及每家店的推荐单品。

首先要向大家推荐的是**快销类服饰店**。即便同样是被称作快销类服饰，根据特点不同，也可以分为两大类。以 H&M、Forever21 和 ZARA 为代表的时尚快销品牌，出售的大多是紧随时尚潮流的单品，给人的印象是稍有些难以驾驭。与此相对，优衣库、GAP 和香蕉共和国则大多是基本款的单品，因此，请优先考虑选择后者。

汇集了基本款单品的优衣库

在日本随处可见**优衣库**，"如何灵活运用它"则是一个很重要的问题。我们所要做的，并不是用优衣库把自己全副武装起来，而是通过利用这里的部分商品打造出全身均衡的时尚穿搭。实际上，那些

优衣库的商品虽然数量庞大，但只有一部分是成年人时尚穿搭所需要的。有选择地选取适合的商品很重要。

推荐的店铺和单品介绍

被别人夸奖很擅长穿着打扮的人，往往也很擅长适当选取优衣库的商品融入自己的穿搭当中。

在优衣库店内，陈列着大量单品。总体来讲，每件商品都属于质地精良的基本款，但是真正值得我们选择的优秀单品依旧是有限的。总的来说，请尝试在优衣库的"牛仔裤""针织衫"和"内衣"这三类商品当中进行选择。这几种都属于基本款，同时又是十分方便穿搭的单品。

由于店铺和品牌的差异，**牛仔裤**属于价格区间非常大的单品。既有不足 1000 日元的，也有售价高达 3 万日元以上的。优衣库的牛仔裤售价大多在 4000 日元左右，品质好，属于性价比极高的商品。老实说，几乎没有人能一眼看出优衣库的牛仔裤和 3 万日元的牛仔裤之间的差别。

因此，将目标定在 80 分打扮的人，选择优衣库的牛仔裤完全没有问题。优衣库的牛仔裤有很多系列，其中建议大家尝试最近模特选择的经典款 Slim Fit 系列。这一系列在版型方面没有任何的冗余设计，能够使双腿看起来更加修长。

此外，**针织衫**也是值得推荐的单品之一。举例来说，采用了羊毛当中最上等的美利奴羊毛制成的针织衫售价不到 4000 日元，经济又实惠。优衣库的针织衫质地非常好，属于日常很容易穿搭的单品。

设计简洁的单品对材质的要求会更加严格，而优衣库的针织衫就属于值得推荐的此类单品之一。

此外也请务必尝试一下**山羊绒针织衫**。虽然价格不菲，但是相对于山羊绒的材质而言，我认为依旧属于合理的价格，值得尝试一下。这是只有大批量生产和销售的优衣库才能实现的价格。任何人都能用好它。

外观上几乎看不出价格差异的牛仔裤，选择优衣库的就可以了。在这上面节省下来的钱可以用来购买其他单品。

推荐优衣库的针织衫。只有大批量生产的优衣库才能实现的低价极具诱惑力。日常穿搭很方便。

最后推荐的单品是**内衣**。可能许多读者目前正在穿的就是优衣库的内衣。优衣库的内衣功能性极佳，属于非常优秀的单品。夏季的 AIRism 和热卖款 HEATTECH 都属于这一类。这里想要推荐给大家的是深 V 领的内衣。

对男性而言，在穿衬衫的时候，绝对不能从衣领处露出内衣。因此，尽量选择穿深 V 领的内衣，让对方感觉不到内衣的存在非常重要。

像这样，有目的地将目光聚焦在优衣库值得选择的单品上，就能够避免购买到失败的商品。

此外，也请关注一下颜色和设计。在优衣库，请尽量选择藏青色、灰色、白色、黑色等基本色的服装。设计方面也是一样，尽量选择设计简洁的服装，例如选择完全没有横条和花纹的纯色款式。通过这样的筛选，就可以在优衣库买到值得购买的单品了。

优衣库还有另一个好处，那就是"在店内可以轻松试穿"，这也是优衣库的魅力之一。这里没有强势推销商品的店员，可以安心试穿。优衣库是进行试穿练习的绝佳场所。请务必充分利用好优衣库，不断摸索出新的时尚搭配。

可以拓宽选择范围的 GAP 和香蕉共和国

接下来要推荐给大家的快销类服饰店是 GAP。GAP 也属于快销类时尚品牌当中设计偏基本款、价格亲民的店铺之一。与优衣库相比，设计上略显华丽，整体风格稍加活泼。对女性而言更值得推荐。GAP 虽然也是我们身边常见的店铺，但是选择的单品不同，穿搭出的效果也会截然不同。

如果所有的单品都在优衣库购买，那么有可能搭配出的效果会显得过于单调。试着在此基础上搭配 GAP 色彩鲜艳的 T 恤和轻便的下装，就能够很好地实现整体的平衡。在考虑穿搭时，建议将优衣库和 GAP 的单品搭配使用。

与优衣库相比，GAP 的单品在设计和整体风格上更加华丽和活泼。全部采用优衣库的单品难免显得单调，可以使用 GAP 作为点缀。

在所有单品当中，特别要推荐的是他们家的**衬衫**。无论纯白的衬衫、牛仔衬衫还是色彩鲜艳的彩色衬衫，货架上应有尽有。请一定尝试并按需选择。

对于女性而言，很多人平时没什么机会穿衬衫，但是如果能掌握在休息日穿着宽松衬衫的技巧，选择的范围会变大很多，因此请务必尝试挑战一下。

GAP 不仅有纯色的商品，也有很多带有简洁的横条设计的单品可供选择，如果想在日常的穿搭当中加入适当的变化，那么推荐选择这一类单品。

下装也是值得推荐的单品之一。优衣库在牛仔裤方面具备优势，而棉质休闲裤则是 GAP 的强项。可以尝试选择浅驼色或者白色等能够起到提亮作用的单品。

GAP 的女式横条纹 T 恤是能够帮助穿搭产生适当变化的单品。价格较低，方便搭配。

此外，GAP 在顾客接待方面的做法与优衣库完全相反，在这里，**可以积极寻求店员的建议**。虽然存在个体差异，但总体而言，店员的审美还是值得信赖的。当然，这里绝对没有强买强卖的店员，是很适合练习与店员沟通的地方。对于经常买类似衣服的人，以及希望听取第三方意见发现全新自我的人，都请一定尝试将店员的建议作为参考。

与此同时，GAP 的姐妹品牌**香蕉共和国**也是我推荐给各位的店铺之一。与 GAP 相比，香蕉共和国所面对的顾客年龄层稍高，整体风格更加沉稳。店内有许多质地精良的基本款单品可供选择。由于大多单品属于商务休闲风格，因此可以纳入各位的备选店铺当中。价格区间在这类型的店铺当中属于略高的级别，但还是希望各位能考虑一下。

香蕉共和国的女式衬衫。与 GAP 相比，价格略高，但是能够在商务场合使用的高级商务休闲风格。

尺码齐全的西装店

　　接下来，在西装店这一类店铺当中，我想要介绍给各位的是 THE SUIT COMPANY。通过 THE SUIT COMPANY 这个名字也能联想到，这是一家出售商务西装的专卖店。或许很多人都没有注意到，THE SUIT COMPANY 里面不仅出售西装，还出售休闲风格的服装，是特别值得推荐给男性朋友的店铺之一。

　　THE SUIT COMPANY 最大的优势在于商品的尺码齐全。尤其是短外套，尺码划分十分细致，能够满足所有体形顾客的需求。平常带客户去选择服装的时候，我也常去这家店，即使遇到身材较

为特殊的客户，通常在这里也能找到合适的尺码，因此这家店一直被我当成宝贝。这里的服装根据身高和腰围，细致地划分了很多不同的尺码。同样身高 170cm 的人，根据腰围不同，分出了四种不同的尺码，尺码之齐全令人赞叹。

在 THE SUIT COMPANY，除西装外，还出售其他单品。想要寻找休闲装和短外套，也推荐各位来这里逛一逛。

THE SUIT COMPANY
的短外套

特别想推荐给各位的是 Antonio
Laverda 系列。无论衬衫还是短外
套，各种单品都秉承了基本款的
设计理念。右侧的标签就是这个
系列的标志。

在 THE SUIT COMPANY，可以一站式购齐外套、衬衫和下装。与优衣库和 GAP 相比，THE SUIT COMPANY 出售的单品大多更趋向成人化。对于男性顾客而言，THE SUIT COMPANY 的商品划分为几个系列。其中 Antonio Laverda 系列主打基本款的设计。在 THE SUIT COMPANY 购物，只要认准了 Antonio Laverda 系列的标志，就可以轻松选购到合适的商品。

随意选择也不会出错的精品店

最后要推荐给各位的是**精品店**。所谓精品店，指的是在一家店铺里汇集了多个品牌的服装的店铺。精品店往往也有自有品牌的商品出售，甚至店内自有品牌占据半壁江山的情况也不罕见。换句话说，在精品店里，服饰分为自有品牌和精选商品两大类。因此，在精品店里，我们应该把关注点放在店内的"自有品牌"上。与精选出来的名牌商品相比，自有品牌商品的价格更加亲民。此外，这类商品的特点在于尺码方面更贴合日本人的体型，因此穿着起来更加方便舒适。

提到精品店，很多人会觉得那里的消费门槛较高，其实并非如此。如果以选购精品店的自有品牌为主，能够以适宜的价格买到不错的基本款时尚单品。用一句话概括精品店的特征，就是"随意选择也不会出错"。这里出售的几乎所有的单品都属于基本款，极少存在个性过于强烈的单品。精品店的优势在于，在基本款单品当中适当地加入了流行元素。

　　如果预算较充裕，那么推荐各位选择精品店购物，也可以选择在精品店购买部分单品。比如，在优衣库购买牛仔裤和内衣，而唱主角的外套、短外套和衬衫等单品则在精品店选购。

一家店里摆放着各种品牌单品的精品店。关注点应该放在自有品牌商品上。

此外，在精品店里，鞋、包、皮带这类的小配饰种类较为丰富。这些都属于使用时间较长的单品，因此值得认真投资。请务必尝试在精品店里比较和选购这些小配饰。

下面是关于具体店铺的推荐，对于男性客户，推荐 UNITED ARROWS。在众多的精品店当中，UNITED ARROWS 所出售的商品更加偏向基本款。虽然名字都叫 UNITED ARROWS，但实际上包括了各种类型的店铺。例如：BEAUTY & YOUTH、green label relaxing 等。其中，UNITED ARROWS 系列汇聚了最多的基本款单品。在去门店之前，请先在品牌主页上进行确认。

对于女性客户，我想推荐的是 TOMORROWLAND。这里汇聚了适合成年女性的、设计简洁、质地上乘的单品，建议定期造访。尤其是内衣、短外套、大衣等在服饰搭配当中唱主角的单品，全部推荐在 TOMORROWLAND 进行选购。

如果在精品店的自有品牌商品当中选购包、皮带这一类长期使用的配饰，那么个人整体的时尚穿搭水平也会相应得到提升。

将精品店和快销类服饰店结合起来完成全身的搭配

短外套要在精品店认真选购

优衣库的牛仔裤很容易与高档服装搭配

所谓的会打扮，并不意味着所有的单品都需要买最贵的。能够引人注目的主角级单品，以及体积虽小却存在感极强的配饰，希望各位能在精品店里认真选购，其他的单品选择在优衣库或者 GAP 购买即可。将两者很好地搭配起来，就能完成简洁不张扬的成年人时尚穿搭。

精品店的店员一般都具备很好的审美，建议各位一定要积极征求他们的意见。正如前面所提到的，像穿着风格贴近自己目标的店员寻求建议效果会更好。精品店的店员基本上不会强买强卖，可以安心选购商品。对于那些觉得"不好意思和打扮时尚的店员交谈"的人，在本书的 Part 4 当中，会详细讲解如何与店员进行沟通，因此请放心阅读下去。

Part 3

单品选择的基础之基础

了解了具体应该如何选择店铺之后，接下来，我想谈到的是"实际选择什么样的单品比较好"。

外套这类上装，是最容易吸引他人目光的单品。因此，在选择的时候，重要的不光是尺寸和颜色，甚至在极小的细节之处都需要十分用心。

短外套——成年人的时尚穿搭必备单品

听到短外套这个词，大多数人都会想到类似西装那样的东西，**但这里想要介绍给大家的短外套，指的是和西装不同，几乎没有垫肩，质地轻盈，易于穿着的上装。**短外套是成年人的休闲穿搭当中不可或缺的时尚单品。这是由于，穿着短外套能够做到在休闲风格当中蕴含一丝"庄重感"。在选择商务休闲和假日穿着的时候，很多人又希望自己的穿着打扮看上去不要过于休闲，这时，只要穿着一件短外套，就能很轻易地搭配出高雅的气质。例如，在衬衫配牛仔裤的搭配中加入一件短外套，那么就完成了一次外出就餐时大方得体的搭配。短外套能够很好地提升休闲单品的格调，是使用起来非常

浅驼色的短外套   藏青色的短外套

藏青色的短外套（右）是推荐
各位最先选择购买的必备单
品。类似浅驼色这种偏浅的颜
色（左）会产生视觉上的膨胀
感，很难穿出理想的效果。

方便的单品。

　　在选购短外套时，推荐男性朋友考虑价位适中的 THE SUIT COMPANY。正如 Part 2 中所提到的那样，THE SUIT COMPANY 的服装尺码十分齐全，充分展现了其作为西装专卖店，服装种类丰富的优势，这也正是其魅力所在。价格在 2 万日元左右，对于短外套而言，属于比较适中的价格，这也是向各位推荐它的原因之一。因此，建议男性朋友务必去 THE SUIT COMPANY 尝试选购一件款式简洁的短外套。如果预算较为充裕，则推荐各位去 UNITED ARROWS 或者 TOMORROWLAND 这样的精品店，选购价格在 3.5 万日元左右的短外套。

　　对于女性朋友，我想推荐的是香蕉共和国，如果预算较为充裕，则推荐各位去 TOMORROWLAND 选购外套。价格区间与男性一样，可以考虑 2 万～3.5 万日元之间的价位。虽然不便宜，但是首先这类衣服有一件就足够了，可以让你在人群当中更加引人注目，而且它利用率极高，方便搭配，因此请考虑为自己购置一件这样的短外套。

只要看背部就能了解身长。合适
的长度是下摆遮住臀部的一半。
不要选择那种让臀部完全露在外
面的身长过短的短外套。

女性请选择稍稍盖住一部分臀部
的短外套。自己很难确认长度，
可以寻求店员的帮助，征求他们
的建议。

那么，究竟什么样的短外
套最好用呢？首先，在颜色方
面，无论男女，都请选择易于
搭配的藏青色。选购第二件的
时候，建议考虑深灰色。

男性在选购短外套的时候，
尤其要注意"衣领"和"身长
（从肩缝到下摆的长度）"。大
街上常见的衣领较小、身长过
短的短外套并不属于基本款单
品的范畴。

藏青色短外套
的搭配示例

即便是牛仔裤这种休闲风格的
单品，与短外套相搭配，也能
营造出优雅的成人时尚感。短
外套的里面可以搭配休闲风格
的衬衫或者 T 恤。它可以应用
于各种场合，因此属于应该人
手一件的必备单品。

接下来要介绍给大家的，是短外套的搭配方法。**短外套最大的优点就在于"易于搭配"。**最常见的搭配就是套在休闲风格的衬衫外面，搭配 T 恤也很合适。顺便说一句，穿短外套时，建议将衬衫的下摆扎进裤子里面，这样看上去视觉效果会更加平衡。女性可以将衣领稍稍立起，穿出更加轻松随意的感觉，采用稍微随意一点儿的穿着方式，会使得短外套有更浓郁的休闲味道。如果与衬衫搭配穿着，容易给人一种工作装的感觉，因此与 T 恤搭配穿着效果更好。下装可以选择蓝色或者白色的牛仔裤、棉质休闲裤等，与其中任何一种搭配在一起，都能起到很好的效果，因此请全部尝试一下。

短外套的尺码选择非常重要。观察大街上来来往往的人，会发现很多人的短外套尺码都是不合身的。尤其是男性，往往倾向于选择偏大的尺码，有的肩缝都垂到了肩部以下，袖口甚至都垂到了虎口的位置。如果自己无法做出准确的判断，那么就请征求店员的意见，选择更加贴合自己身材的短外套。

为了迎合各种身材的消费者，有些短外套的袖子会做得略长一点儿，因此有时候买回的衣服袖长会不太合适。遇到这种情况，可以对袖长进行修改。修改袖长是一件对技术水平要求较高的工作，在 THE SUIT COMPANY 和精品店里，可以帮助顾客对袖长进行修改，有此类需求的时候，请与店员进行沟通。

外套——毫不吝啬地投资一件简洁款

外套是穿在最外面的单品。具体来讲，大衣、拉链式防寒服等都可以称之为外套。简言之，应该先准备两件质地上乘的外套。**必备单品是款式中规中矩的大衣和严冬时节穿着的羽绒夹克**。成年人时尚穿搭的基本原则之一，就是在引人注目的单品方面不吝啬投资。因此，请务必选择款式和质地俱佳的外套。

首先要介绍的是男性的外套。男士大衣的经典款式，是带有衣领、设计简洁的立式折领大衣，这是大衣最基本的款式之一，是既能搭配休闲风格的服装，也能搭配出商务休闲的风格，只需一件就可以应对各种场合的单品。颜色方面，请选择藏青色或者墨灰色。选购时的另一个要点是材质。虽然有各种材质可供选择，但是与化纤面料相比，选择棉质或者羊毛质地的大衣，穿着起来更加方便。

立式折领大衣推荐去UNITED ARROWS、TOMORROWLAND这样的精品店选购。预算可以定在3万日元以上。由于是可以连续穿三年以上的衣服，因此推荐选购稍高端的产品。

立式折领大衣

设计简洁的立式折领大衣是大衣中的经典款式。颜色推荐藏青色和墨灰色。请仔细寻找一件材质、版型、尺寸都适合自己的，毫不吝惜地做出这笔投资。

接下来要说到的是女式大衣。**首先，请选购一件战壕风衣。颜色上请选择浅驼色。女性可以穿着比男性颜色稍亮的服饰单品。**即使是为了补足颜色上的缺失，选择浅驼色也已经足够了。如照片所示，在浅驼色当中，推荐选择颜色较深的浅驼色，更容易获得视觉上的穿搭平衡感。选择浅驼色，不仅在秋冬季节可以穿着，摘掉衬里后，在初春时节也可以使用。

战壕风衣请选择没有多余的镶边装饰，设计简洁大方的款式。在 UNITED ARROWS、TOMORROWLAND 这样的精品店里，都能够选到合适的战壕风衣。价格在 4 万日元左右。虽然价格不低，但由于是可以使用多年的单品，因此请毫不吝啬地做出这笔投资。

无论男女，在选择大衣时，都需要注意衣身的长度。如果长度在膝盖以下，会给人一种土里土气的感觉，如果长度过短，臀部都露在外面，则会给人一种幼稚的印象。最合适的

推荐给女性的战壕风衣。虽然有着各种各样的设计，但最应该选择的还是中观中矩的设计。

衣长过短

衣长合适

左图是错误的衣长，右图是正确的衣长。如果衣长在膝盖以下则过长，在臀部以上则过短。最为理想的长度是下摆位于大腿中间位置。

衣长过短　✕

衣长合适　〇

请选择下摆位置介于大腿中间和膝盖上方之间长度的大衣，过长过短都不合适。尤其是对于女性而言，很多大衣会带有毛领等装饰性元素，但请优先选择设计简洁的款式。

长度是下摆位于大腿中段，这样的长度更容易获得视觉上的穿搭平衡感。

请参考以上图片进行选择。

除了中规中矩的外套，还需要一件抵御寒冬的羽绒夹克。此类单品也请选择设计简洁的款式。颜色方面，选择墨灰色、藏青色或黑色会比较容易搭配。不需要任何的花纹和装饰。如果是女性，帽子上的装饰性皮草有一点儿也无伤大雅，按照自己的喜好选择即可。一点点皮草设计可以营造出女性独有的温和气质。男性则选择没有皮草装饰的简洁款式为佳。在价格方面，精品店的自有品牌羽绒夹克性价比较高，售价在 5 万日元左右。考虑到可以穿很多年，如果预算较为充裕，建议尝试选择 DUVETICA、TATRAS 等专业羽绒品牌。在 UNITED ARROWS、TOMO-RROWLAND 这样的精品店里，这些品牌的羽绒夹克售价大约在 8 万～10 万日元。

羽绒夹克的面料最好选择羊毛材质。化纤材质的光泽感给人廉价感，并不是最好的选择。

02
想要穿得大方得体的基础上装搭配

衬衫——不会上当的主力单品

日常穿着当中，必不可少的就是有领的衬衫。一件品质优良的衬衫，不仅可以在休闲时段穿着，也可以作为商务休闲装来使用。衬衫很容易带给人们清爽的感觉，因此应将其作为基本单品来选购。尤其是在春夏秋三季，衬衫有很多机会直接外穿。这么重要的主力单品，有必要在选购时多花些心思。

地位如此重要的衬衫，在选购时最重要的原则就是设计简洁。近来，设计繁复的衬衫非常多，想选购一件款式设计简洁的衬衫似乎反而成了一件难事。说到具体的推荐单品，想要介绍给大家的有三类，分别是：纯白的衬衫、牛仔布质地的衬衫和带有彩色格纹或条纹的衬衫。如果预算较为充裕，推荐在此基础上再选购一件淡粉色的纯色衬衫，它也属于非常容易搭配的单品。

纽扣的颜色以白色和象牙色为主。切记不要选择与衬衫颜色形成强烈反差的纽扣。此外，要避免选择衣领和袖口内侧有花纹或者条纹布的衬衫。这种惹眼的装饰没有存在的必要。我们最优先选择的，应该是没有任何

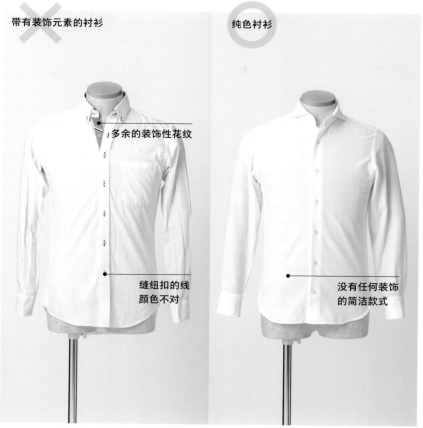

带有装饰元素的衬衫

纯色衬衫

多余的装饰性花纹

缝纽扣的线
颜色不对

没有任何装饰
的简洁款式

扣眼、袖口、衣领处不应该出
现装饰性的设计（左）。没有
任何装饰，看上去甚至有些土
气的单品（右）才是成年人应
该穿着的衬衫。

装饰，一眼看上去甚至有些土气的基本款衬衫。

如果已经选择了无图案的纯色 T 恤，那么接下来可以在此基础上搭配有花纹的衬衫。说是花纹，其实最基本的款式就是彩色格纹和条纹款。在所有的花纹当中，彩色格纹属于比较易于搭配的单品，在简洁的设计当中适当加入了一些装饰元素。需要提醒各位的是，请尽量选择格子较小的图案，这样的图案适用于所有人，不容易出现搭配上的问题。对于条纹，由两种颜色构成的简洁条纹更易于搭配。在选购时也要注意选择条纹间隔较小的图案。

对于格纹和条纹的颜色，男性推荐藏青色 × 白色的搭配。女性推荐尝试粉色 × 白色等稍微鲜亮一点儿的搭配。

简洁的时尚搭配，格纹衬衫的点缀程度刚刚好。推荐格子宽度为 3mm 左右的小格纹衬衫。

有衣领扣的
衬衫示意图

有衣领扣的衬衫

用领扣将衣领固定的衬衫与针织衫的搭配示意图。领扣请务必扣好。有衣领扣的衬衫，虽然属于基本款，但却隐隐透出休闲风的气息。想展现更加成熟的气质时，请选择正装衬衫。

在选择衬衫时，衣领的类型十分重要。衬衫有各种类型的衣领，**男性比较推荐的是"有衣领扣的衬衫"和"正装衬衫"**。有衣领扣的衬衫能够将衣领很好地固定起来，因此能够使领型看起来更笔挺，搭配短外套或者针织衫穿着时，衣领不会折叠或者扭曲变形。此外，正装类衬衫的特点在于衣领可以翻开的幅度较大，因此将第一粒纽扣打开穿也很好看。

女性请选择衣领较小的衬衫。女性穿着衬衫的时候，采取"非正式"的穿着方式非常重要。之所以要选择衣领较小的衬衫，就是因为这样的衣领比较容易立起来。只穿一件衬衫的时候，将衣领微微立起，能够营造出适度的休闲感。如果将较大的衣领立起来，则会显得过于生硬不自然，应该引起各位的注意。当然，不立起衣领，正常穿着也很好看。

选购衬衫时，男性推荐在 THE SUIT COMPANY，或者 UNITED ARROWS、TOMORROWLAND 这样的精品店选购。目标价位建议定在 5000 日元以上。THE SUIT COMPANY 的衬衫售价大多在 5000～6000 日元，精品店的价格在 1.3 万日元左右。尤其是纯色的白衬衫，根据价格不同，材质的质感、细节设计、缝纫水平等方面也会存在差异，推荐尽量选择售价在 1 万日元以上的

女性衬衫的
"非正式"穿法

推荐女性选择衣领较小的衬衫。短外
套也是一样，穿着要点在于"非正式"
穿法。尤其是在单独穿着的时候，推
荐将衣领微微立起，衣袖向上卷起一
部分的穿法。女性配合 U 领 T 恤打底，
能够获得很好的平衡感。

商品。与此相反，选择格纹衬衫时可以适当降低预算。女性推荐在GAP 和香蕉共和国，或者 UNITED ARROWS 选购。

那么，这些衬衫究竟如何才能穿得大方得体呢？**推荐男性内搭不会透出皮肤颜色的打底 T 恤，显得简单清爽。**除最上面的纽扣外，其余纽扣全部扣好。此外，在设计简洁的条纹 T 恤外搭配衬衫也是很好的选择。此时需要将衬衫的下摆放在裤子外面，衣扣全部打开。**女性适合搭配 U 领 T 恤作为打底。**打开最上面的三粒纽扣，从外面能够看到 U 领 T 恤的一部分属于视觉效果较为平衡的状态。

选择衬衫最重要的是尺码

最后再强调选购衬衫时很重要的一点，那就是尺码。首先必须要注意的是衣身的长度。我们应该知道，衬衫分为衣摆放在外面和扎进裤子（下装）里的两种。

确认的要点在于"衣身的长度"。即便是同一尺码的衬衫，根据穿着方式不同，所要选择的衣身长度也不同。一方面，用于商务场合穿着的衬衫，身长要略长一点儿，标准长度应该是能够完全盖住臀部。另一方面，用于休闲场合穿着的衬衫，理想的穿着方式是下摆放在裤子外面，因此要选择衣长略短的款式，以盖住臀部的一半为佳。如果过长，就会破坏整体的平衡感，这种情况下还是将衣摆塞进下装里比较好。精品店大多会将商品按照商务风格和休闲风格分为两大类，在休闲风格区选购衬衫，一般都不会出错。

此外，衣服的宽度（胸围）也非常重要。**与略有富余相比，请试着把服装与身体的贴合感放在更加重要的位置上。**如果尺码过大，会给人一种"被服装所驾驭"的感觉。请尝试试穿一下比平常小一码的衣服，仔细选择真正适合自己的尺码。

理想的衣服宽度，应该是从腰部两侧将衣服捏起时，略有余裕。如果更大，会看起来比较土气，给人一种"被服装所驾驭"的感觉。试穿时，请尽量尝试不同的尺码，试着捏住腰部两侧，仔细比较选择。

T恤——纯色或条纹图案更显档次

作为"成年人的时尚穿搭"所用到的 T 恤，想推荐给各位的是"纯色"或者"条纹"这类极其简洁的款式。带有醒目的文字、花纹或印刷图案的 T 恤会给人一种幼稚的感觉，因此并不推荐时尚搭配方面的初学者选择。T 恤可以与衬衫或者针织衫搭配穿着。请根据季节灵活选择半袖或长袖 T 恤。只要拥有下面要介绍的 T 恤，就能够实现符合成年人时尚风格的、大方得体的穿搭。

那么，应该选择什么样的 T 恤呢？需要注意的是衣领处的设计。即便是同样款型的 T 恤，根据衣领的设计不同，可以分为 V 领 T 恤、U 领 T 恤和圆领 T 恤三种。

T 恤的衣领设计不同，带给人的感觉也截然不同。先说说 V 领，它能够起到完整展现颈部的效果。男性如果选择过深的 V 领，反而会令人反感，因此最好选择 V 领较浅的款式。女性想让颈部显得修长看上去更好看，因此请多多选择穿着 V 领 T 恤。特别想推荐给女性的是 U 领 T 恤。与 V 领相比，U 领所展现的气质更加柔和，是非常好用的款式。圆领是最基本的领型，尤其要推荐给男性。圆领 T 恤属于任何人都有的基本款单品，如果选择价格低廉的产品，会给人一种"就是普通 T 恤"的感觉。因此，有必要选择质

圆领

V 领

衣领的形状不同，带给人的感
觉也截然不同。推荐男性选择
较浅的 V 领，女性选择 U 领
或者 V 领。

地上乘的产品。**没有必要通过
T 恤展现个性，请务必优先选
择设计简洁的款式。**

　　颜色方面，最好选择藏青
色、灰色、白色等便于搭配的
颜色。女性在以上几种颜色的
基础上，建议再加上湖蓝色等
颜色偏重的单品。这样能够增
加女性独有的美感。

　　另一件想要推荐给大家的
单品是条纹 T 恤。在所有类型
的花纹当中，选择穿着比较易
于搭配的条纹 T 恤，会带给别
人一种耳目一新的感觉。但是，
如果选择的条纹太花哨，就会
显得过于休闲。颜色方面，藏
青色 × 白色是最易搭配，也最
容易在店里买到的颜色，同时

是我最推荐的颜色。或许很多人觉得自己不擅长挑选和穿着条纹类服装，那么请先到店里试穿一下，逐渐习惯这件事十分重要。

T 恤是一件十分简单的单品，同时也是随价格不同，很容易看出材质和剪裁差别的单品。不要随便买几件便宜的敷衍了事，而是应该去精品店里认真选购，这一点十分重要。这里想要推荐给各位的是 UNITED ARROWS 和 TOMORROWLAND 的自有品牌系列，以及类似 Three Dots 这样的专业品牌。目标价位可以定在 5000～7000 日元。或许很多人一听到花 5000 日元买一件 T 恤，会觉得太奢侈了。但是，设计简洁的 T 恤是搭配机会非常多的单品，在这种利用率高的单品上投资非常重要。不需要拥有很多件，在钱包宽裕的时候，一件一件地选购高质量的 T 恤吧。

在 T 恤的尺码方面，需要注意的同样是衣身的长度。如果完全盖住臀部，就有些过长了。衣服下摆位于骨盆与臀部之间的位置最为合适。宽度方面，不需要紧紧贴在身体上，而是建议选择大致贴合，略有富余的尺码。

合适的身长和宽度的
测量方法

T恤要选择身长和宽度刚好合适的尺码。衣长应该刚好在骨盆与臀部之间的位置最合适。宽度与衬衫一样，双手捏住腰部两侧略有富余的尺码最合适。

**条纹 T 恤的搭配
示意图**

T 恤要选择设计简洁的款
式。条纹的间隔过宽，会
显得不够大方得体，因此
请选择图中展示的这种间
隔适当的单品。与短外套
或厚针织衫搭配穿着效果
很好。

针织衫——拓展穿搭可能性的神奇单品

所谓针织衫，指的是套头毛衣和对襟毛衣。虽然款式千变万化，但特别要推荐给各位的，是**设计简洁的薄针织衫和代替外套的对襟针织开衫这两种**。

薄针织衫可选颜色丰富，选择颜色略微艳丽的针织衫，能够为整体搭配带去一丝亮色。此外，由于它便于搭配，能够拓展搭配的可能性。款式方面，建议选择设计简洁的 V 领或者对襟开衫款。不需要有冗余的装饰性设计。

建议先在最经典的藏蓝色或者灰色当中选择一件。拥有一件基本款的针织衫后，接下来可以尝试其他颜色。男性推荐蓝色或紫色，女性则推荐湖蓝、橙色、黄色等鲜亮的颜色。

与 T 恤一样，由于款式较为简洁，因此针织衫的材质就显得尤为重要。说到这里，正如 Part 2 当中所介绍的，优衣库的针织衫品质就非常好。其他品牌售价高达数万日元的山羊绒针织衫，在优衣库售价不足 1 万日元，非常值得我们关注。此外，同时面向男性和女性顾客的精品店 TOMORROWLAND 的针织衫也值得推荐。款式为基本款，颜色也非常好看，售价在 1.5 万日元左右。如果预算尚有富余，可以考虑来自英国的专业针织衫品牌 JOHN

SMEDLEY。那里出售的针织衫以羊毛材质为主，质感和颜色都属上品。

　　针织衫的搭配方法非常简单。可以直接穿在设计简洁的衬衫外面，如果是对襟开衫款，也可以直接穿在设计简洁的 T 恤外面。还可以在薄针织衫的外面再穿上短外套或者外套，也不会显得臃肿，是十分好用的单品。

　　接下来要推荐给各位的，是"外套型对襟针织开衫"。这也是一件非常好用的单品，只要将短外套替换成对襟针织开衫，就能营造出轻松的氛围。尤其是青果领对襟开衫，可以营造出适度的成熟氛围，因此建议大家选购一件作为备用的单品。既可以穿在衬衫外面，也可以与 T 恤搭配穿着。颜色可以在藏青色和灰色当中选择。女性准备一件衣长较长的薄款对襟针织开衫会很实用。颜色除藏蓝色和灰色外，也推荐浅驼色。建议去 UNITED ARROWS 或者 TOMORROWLAND 选购。

厚款对襟针织开衫　　　　　　　　**薄款对襟针织开衫**

薄款对襟针织开衫（右）随着
搭配的服装不同，能够展现出
不同的变化，属于万能单品。
厚款对襟针织开衫（左）作为
短外套的替代品，也可以在多
种场合穿着。

尺码方面，无论薄厚，选择针织衫的时候，都应该挑选较为合身，而不是偏大的尺码。**针织衫不是需要穿起来松松垮垮的衣服。不要因为针织衫需要与其他服装搭配穿着而特地选择偏大的尺码，而是要尝试一下穿上"略有些紧"的尺码。**很多人为了隐藏身材的缺陷而选择偏大的尺码，但这样会导致整体的轮廓看起来更加膨胀，反而会看起来显得更胖。因此推荐各位选择正好合身的尺码。

内衣——要点是选择"看不见"的 V 领

这里所要介绍的内衣，指的是穿在衬衫里面的，质地较薄的 T 恤、背心、吊带衫等。内衣的作用不仅在于防止皮肤直接接触衬衫而变脏，也具有保护隐私，防止透视效果的作用。

内衣很重要的一点是"不被看到"。因此，需要选择深 V 领的内衣。男性建议选择的深 V 领标准是：打开衬衫的第一粒纽扣时看不到内衣。颜色应选择较浅的浅驼色，这种颜色与皮肤的颜色很相配，不会从外面明显看出里面穿了衣服。请选择这种在穿着衬衫时不会透出里面皮肤的产品。女性请穿着深 U 领的 T 恤、背心或者吊带衫。**内衣在优衣库选购即可，如果考虑性价比，优衣库恐怕是**

购买内衣的最佳选择。每件售价不足 1000 日元，可以多买几件备用。还想要推荐给男性的是下装制造商 GUNZE 旗下的"SEEK"。其特点在于边缘采用了无痕处理的方式，不会导致外搭的衬衫出现凹凸不平的情况。女性可以选择 TOMORROWLAND 自有品牌系列的背心和吊带衫。

内衣请选择贴身的尺码。如果内衣过于宽松，就会影响到外面衬衫的轮廓外观。内衣属于时尚搭配当中比较朴素的单品，但如果能够在细节上下足功夫，就能够提升整体的穿着效果。

穿着深 V 领的内衣，即使打开衬衫的第一粒纽扣也不受影响。选择贴近皮肤颜色的较浅的浅驼色，即使穿颜色浅的衬衫也不必担心会透出来。

接下来，我们把关注的重点转移到裤子和裙子上。首先是裤子。裤子虽然不是容易出彩的单品，但是通过裤子，却能够准确地判断出穿衣者的着装是时尚还是土气，因此有必要认真选择。首先介绍三条男女都用得到的裤子。

牛仔裤——重点是版型和贴合感

正因为牛仔裤是最多人选用的单品，因此更要选择真正适合自己的那一条。选择牛仔裤时，重要的是贴合感和颜色。**大多数情况下，牛仔裤都是搭配短外套或者针织衫这一类偏成熟风格的单品，因此请试着选择贴合感较好的单品。**版型松松垮垮的牛仔裤与短外套搭配起来的效果并不好。在英语中，牛仔裤的外形被称作"Slim Fit（修身版）"，所以要选择穿上感觉略紧的款式。

对牛仔裤而言，贴合感十分重
要。男性虽然没必要选择像紧
身裤那么瘦的款式，但也请选
择穿上感觉略紧的版型，也不
要选择过度做旧的款式。

但是，要注意不要选择过瘦的牛仔裤。男性不推荐选择脚踝露在外面的，裤筒过细的紧身裤款式。可以告诉店员，你想要的是"裤筒不像紧身裤那么细，但是穿上感觉略紧的牛仔裤"。此外，关于牛仔裤的颜色，颜色过于鲜亮或者过度做旧的款式会带给别人扎眼且不好的印象，因此要回避这样的选择。对于男性而言，牛仔裤有较多的机会去搭配短外套等颜色较为鲜亮的服装，因此保险起见，最好选择普通水洗的款式，即颜色较深，大腿根部略有一些颜色浓淡变化的款式。女性如果选择颜色较深的款式，看起来会显得比较土气，因此请选择整体颜色较浅且着色均匀的款式。

　　无论男女，都推荐去优衣库和 Levi's 选购。考虑性价比，优衣库的牛仔裤是很好的选择，选购这里的牛仔裤能够有效降低整体的购衣预算。此外，也推荐各位选择 Levi's 的经典款牛仔裤。男性推荐裤筒较细的 511，如果觉得 511 的裤筒过细，推荐尝试 501。女性建议根据自己的身长选择小直筒或者紧身的款式。如果预算较为充裕，推荐各位去试一试专业的牛仔服饰制造商 RED CARD 的产品，在 TOMORROWLAND 有售。

白色牛仔裤——习惯之后会变成万能单品

　　提到白色牛仔裤，恐怕很多人都会觉得"看起来幼稚""很难搭配"，对其抱有一种抗拒感。其实，这完全是一种误解。白色牛仔裤是一种能搭配任何上装的万能单品。既可以和藏青色的短外套进行搭配，也可以和牛仔衬衫组成极佳的搭配。**白色牛仔裤的优势就在于其能够与各种类型的上装都搭配得很好。**

　　在我的客户当中，很多人从未尝试过白色牛仔裤。然而真的试穿一下，就会惊叹于它的百搭。不仅完全没有幼稚的感觉，反而是能够给人带来清爽感觉的单品。希望各位一定要有效利用它。如果还是觉得心里没底，请在价格合理的优衣库选择一条白色牛仔裤试一试。售价一般在 4000 日元左右。如果想选购一条更好一点儿的白色牛仔裤，则推荐各位在 Levi's、GAP 等专业牛仔裤品牌当中挑选。我相信它一定会成为你衣柜里不可或缺的好伙伴。

白色牛仔裤属于易于搭配，且容易营造出清爽感的单品。请务必试试看。

棉质长裤——注意版型，避免土气！

第三条要推荐给各位的是棉质长裤。这也是经久不衰的经典款，但正因为是经典款式，因此务必注意，一定要仔细选择适合自己的单品。正如"休闲裤"这个名字一样，略肥的浅驼色长裤容易给人留下土气懒散的印象。请不要凑合穿着这样的长裤，而是重新反思后购买合适的单品。适合自己身材的棉质长裤是成年人时尚穿搭中不可缺少的元素之一。

款型方面，推荐小脚裤，也就是向裤脚处逐渐收拢的款式。与普通的休闲裤相比，显得小腿更细。虽然看上去是直筒裤，但是膝盖以下逐渐收拢的设计会使腿看上去更细。凭肉眼很难看出实际效果，因此请试穿一下，并征求店员的意见。

颜色方面，推荐选择比常见的浅驼色略深一点儿的颜色。因为休闲裤最常见的浅驼色如果没有选好，很容易看起来显得土气。选择略深一点儿的驼色，则能够营造出成熟的氛围。此外还推荐卡其色的棉质长裤，也很好搭配。

**棉质长裤的
搭配示意图**

虽然棉质长裤长久以来没
有什么变化，但是近年来
出现了裤腿较细、更贴合
身体的款式。请不要一直
穿着多年前买来的单品，
而是要根据自己的身材选
择尺码更为合适的裤子。
只要搭配颜色沉稳的衬
衫，就完成了一套典型的
休闲风格穿搭。外面再搭
配一件对襟针织开衫，效
果也不错。

七分裤的
搭配示意图

七分裤是一种裤长短于普通长裤的裤子。女性的7~8分裤刚好露出脚踝，给人以轻盈的印象。搭配款式精良的针织衫和浅口鞋，能够体现出适度的时尚感。图中羊毛质地的针织衫会给人一种高贵典雅的印象。

女性推荐选择长度在 7～8 分的七分裤。刚好露出脚踝，能够给人以轻盈的印象。不要选择偏大的尺码，而是要尽量选择紧身的尺码。最新的七分裤能够把腿型修饰得更加好看。

拥有了上述三条裤子，假日里需要的下装基本上就完全够用了。请务必按照上述原则重新选择适合自己的单品。

裤子的尺码——不需要留出富余

接下来我想要跟各位讲到的是裤子的尺码。无论是蓝色牛仔裤、白色牛仔裤还是棉质长裤，选购时都要注意选择贴身的尺码。近年来，棉质长裤的版型也在逐渐变瘦，看上去比以往更能修饰身材。三年前购买的棉质长裤可能全部都属于偏肥的版型，建议各位重新选择适合自己的单品。大腿和臀部是决定尺码的关键，请选择能够很好地贴合身体的尺码。裤腰的位置也需要引起各位的重视，不要选择裤腰过高的款式。根据裆长，选择裤腰刚好位于盆骨位置的裤子较为合适。在 Part 2 当中介绍的店铺里选购，失败的概率较小。

半折痕——裤脚刚刚触碰到鞋面

记住，无论选购哪一种裤子，都需要注意大腿部位不要留出富余，膝盖以下的部分要能够很好地贴合腿部的线条。但同时要注意，如果裤筒过细，将腿部线条完全暴露出来，并不是很好的选择。

完整折痕——裤脚在鞋面上形成轻度折痕

如果裤脚在鞋面上堆积过多，会给人以土气的印象，因此推荐选择裤脚刚刚触碰到鞋面的长度。

接下来要谈到的是裤长，不要选择长度过长的裤子。在选购时，请仔细修改调整裤长。男性在穿鞋的状态下，理想的裤长是裤脚稍稍触碰鞋面。裤脚触碰鞋面所形成的褶皱，我们称之为"折痕"。**"半折痕"的裤长搭配短外套或针织衫等单品会很好看。**因此，请对店员说："请帮我选择半折痕长度的裤子。"虽然最近裤长偏短的裤子很流行，但半折痕长度的裤子可以不受流行风潮的左右，长时间使用下去。

女性推荐比男性略短的裤子。换句话说，就是通过稍稍露出脚踝，给人以更加女性化的印象。因此推荐给各位的是八分裤。这样的裤子从初春到盛夏都可以穿着，能够轻松营造出轻快的氛围。

只要注意尺码的选择，就能选到合身的裤子。请去各类商店试穿，以便找到适合自己身材的下装。

短裙和连衣裙——制胜的关键在于"线条"

短裙和连衣裙都属于能够展现女性柔和美的单品。虽然说"最近一直都在穿裤子"的女性也不在少数，但还是希望各位能够将可以展现出女性美丽的短裙和连衣裙融入日常的穿着打扮当中。在选购短裙和连衣裙时，需要注意的要点是"不要过于甜腻，应该选择设计简洁的款式"。如果选择设计过于柔美、带有丝带和镶边以及其他有特点的花纹的款式，就会显得过于甜腻。

短裙和连衣裙的款式应该尽量简洁。选择一条能够使身体线条看起来更加柔美的裙子非常重要。首先说说短裙，**应该选择的是设计简洁的紧身裙和褶裙。**裙子的长度以及膝或在膝盖略上方为佳。紧身裙应该选择能够体现出轻盈垂顺质感的材质。褶裙则要注意避免选择下摆过大的款式。

颜色可以在纯色无图案的藏青色、黑色、浅驼色中间选择。在需要少许变化时，可以尝试卡其色。还可以尝试与衬衫、针织衫、短外套等单品进行搭配。由于款式简洁，因此极易搭配，不容易造成选择障碍。

紧身裙　　　　　褶裙

贴合身体轮廓的紧身裙（左），
以及加入了褶（布料折叠的部
分）的设计的褶裙（右），各准
备一条，搭配起来会很方便。

作为搭配主
角的连衣裙

连衣裙是可以作为主角的
单品。选购时依然要注意
避免带有装饰性的元素，
而是选择纯色无图案的简
洁款式。购置一条价格略
高、质地精良的连衣裙，
能够在各种场合加以利用。
由于本身款式简洁，因此
建议搭配色彩鲜艳的披肩、
项链等装饰性物品。

接下来要谈到的是连衣裙的选择方式，这里提到的仅限于纯色无图案的简洁款连衣裙。颜色除藏青色、黑色和浅驼色外，还可以将卡其色列入备选当中，卡其色也属于很容易搭配的颜色。连衣裙有各种款式，其中最容易搭配的是圆领的简洁款式。设计上既不会特别甜腻，又能够营造出成熟的氛围。连衣裙是可以作为搭配主角的单品，因此请下决心选择质地精良的产品。预算充裕的各位可以考虑 YOKO CHAN 的连衣裙。只需一件就可以应对各种隆重场合。

短裙和连衣裙都建议在精品店选购，尤其推荐去 TOMORROW-LAND 选购。因为这里汇集了款式简洁、质地精良的产品。只要告诉店员"我想要选一件能够应对各种搭配的基本款短裙（连衣裙）"，他们就一定会帮你选出适合你的那一件。

04

灵活运用小物件做点缀

　　鞋子、腰带、包，这些小配饰都是作为点缀，能够提升整体时尚搭配水平的单品，而且用起来很方便。收集少量质地精良的此类单品非常重要。

鞋（男性用）——能够彻底改变整体印象的颠覆者

　　一个人是否擅长打扮，最重要的特征就在鞋上。在鞋上面很用心的人，会给人留下好的印象。因此，选择鞋的时候，要注意坚持少量优质的原则。**男性应该优先准备的是一双翻毛皮的皮鞋和一双运动鞋。**

　　首先来看翻毛皮的皮鞋。与一般头层皮革光滑的表面不同，翻毛皮是由内层皮革经过鞣制加工后得到的皮革。与头层皮革相比，翻毛皮的皮鞋能够体现出适度的休闲感，不仅可以在假日里穿着，也可以用于商务休闲的场合。有一双这样的皮鞋，搭配起来非常好用。款式方面，推荐选择比较简洁的素面皮鞋、沙漠靴和马球靴。请试着选一双自己中意的皮鞋吧！

　　颜色方面，推荐选择与任何服装都很好搭配的深棕色或黑色。在 UNITED ARROWS 和 SHIPS 这样的精品店里，有很多设计简洁的翻毛皮鞋可供选择。选择一双价格在 2～3.5 万日元的即可。此外，也推荐经典的 Clarks 沙漠靴和 WALK-OVER 的 Derby 系列。顺便说一句，这种类型的鞋在 ABC Mart 之类的鞋类量贩店也能买到。翻毛皮鞋适用于各种公开和私人场合，是一双搭配起来十分方便的鞋，请一定试着为自己选购一双。

另一双必备单品是运动鞋。因为运动鞋是比较轻松随意的单品，在选择时更要多加注意。本书当中所介绍的，与成年人的时尚穿搭风格相符的运动鞋，在一定程度上是有所限制的。说到具体例子，我会推荐 New Balance，尤其是 M996 和 M1400 这类经典的款式。颜色方面，建议选择藏青色或灰色，有了这样一双鞋，能够和短外套这类高级单品很好地搭配在一起。价格方面，请将目标价位定在 2.5 万日元左右。在运动鞋当中，这属于偏高的价位。

翻毛皮是利用内层皮革鞣制加工而成的。能够适度体现出轻松休闲的感觉，很适合在假日里穿着。

根据选购标准不同，运动鞋是很容易显得过于休闲化的单品，因此需要选择款式和质量均属上乘的产品，以便其能够与任意时装相搭配。

对于男性而言，有两双假日里穿着的鞋，就能够最低限度地满足需求了。与数量相比，我们更需要注重的是鞋子的质量，应该精心选择每一双鞋，搭配起来才会非常容易。翻毛皮鞋适用于任何风格的搭配，因此不需要特意费心考虑如何搭配。无论是与休闲风格的牛仔裤，还是与短外套，都能完美地搭配在一起。运动鞋也属于非常容易搭配的单品。话虽如此，但在整体穿搭为商务休闲风格或者去西餐厅用餐时，请不要穿着运动鞋，而应该选择翻毛皮鞋。除此之外的其他场合，都可以搭配运动鞋。此外，选择袜子时也要注意，不要选择带有花纹的袜子，而是要选择优衣库那种不会对整体穿着产生负

运动鞋请选择灰色或者藏青色这种适用于任何搭配的百搭颜色。也同样推荐女性选择 New Balance。

面影响的黑色或者藏青色的纯色袜子。具体的内容我会在接下来的
Part 5 里加以介绍。

鞋（女性用）——鞋跟高度为 7cm 时最好看

　　**女性应该准备三双鞋。鞋跟 7cm 的浅口鞋、平底鞋和秋冬季节
需要的靴子。**首先推荐从这几双鞋开始更新你的鞋柜。对于很多人
而言，鞋跟过高的鞋子利用率却并不高，平常大多数时间里都是穿
着平底鞋。但实际上，出现这种一边倒的情况非常可惜。希望各位
能试着将 7cm 高跟鞋融入日常的穿搭当中，为日常的穿着打扮增加
一些变化。每周穿一天高跟鞋，
会令你的精神状态也随之有张
有弛。

浅咖啡色的浅口鞋。鞋跟高度
为 7cm 的高跟鞋最能展现女
性的美。同时也推荐具有光泽
感的漆皮鞋。

平底鞋。鞋头部分的设计会左右整双鞋带给人的印象。因此建议选择杏仁形或近尖头的鞋。

鞋跟高度为 7cm 的高跟鞋最能展现女性腿部的优美线条。鞋跟过高，会导致穿着者容易疲劳，7cm 的鞋跟高度则兼具了方便走路的功能性，因此请一定积极尝试多加利用。选择鞋跟高度为 7cm 的浅口鞋时，可以选择漆皮或翻毛皮质地的鞋。颜色方面，推荐黑色、浅驼色和介于浅驼色与灰色之间的浅咖啡色。

关于浅口鞋，建议选择在鞋头整体圆润的基础上略带一点点尖头的设计，也就是常说的杏仁形。选择一双没有任何装饰的简洁款浅口鞋就可以了。平底鞋则建议各位选择尖头的。由于平底鞋没有鞋跟，选择尖

靴子要选择基础的、易于搭配的颜色，推荐黑色和深棕色。材质方面，建议选择光滑的皮革，同时要重视设计的简洁性。

头的设计，会给人一种更利落的印象，能够调节全身穿搭的平衡。材质方面，建议各位在光滑皮革和翻毛皮当中根据个人喜好加以选择。颜色方面，选择浅驼色或黑色，如果是翻毛皮材质，可以选择作为调和色的苔绿色或者紫色。由于翻毛皮材质不具备光泽感，能够营造出沉稳的氛围，即便选择较为鲜艳的颜色，也不会让人觉得视觉效果很差。最后要说的是靴子。建议选择素面的光滑皮革材质，款式则尽量选择简洁的短靴。

女性的鞋类推荐品牌包括 UNITED ARROWS 的自有品牌以及在三越百货和伊势丹等设有门店的 NUMBER TWENTY-ONE。目标价位方面，浅口鞋的售价在 1.5 万 ~ 2 万日元，靴子的售价在 3.5 万日元左右。

关于鞋子的搭配，在这里介绍给各位的是与任何风格的着装都能搭配在一起的鞋子。因此，没有必要特地去考虑搭配的问题。举例来说，7cm 高的浅口鞋与牛仔衬衫搭配在一起，也能穿出很好的效果。如果将休闲风格的单品与时尚单品搭配在一起，也肯定不会出错。因此请务必积极使用这些单品。

鞋子能很轻易地体现出穿着者对时尚的态度。因此有必要遵循严格的标准认真挑选。在考虑时尚兼容性的前提下，推荐各位首先从基本款设计的鞋子开始选择。

腰带——穿着打扮当中的重要点缀

接下来要说到的，是很容易被忽视的**腰带**。如果拥有一条设计简洁，与任何服装都能轻松搭配在一起的腰带，那么穿着打扮的可扩展空间也会变大。可能很多人认为腰带属于"不显眼的单品"，因此在选择时也马马虎虎不够重视，甚至会有一些人认为自己"不需要腰带"。实际上，**腰带是第一眼就会暴露在对方视线里的单品。**如果第一眼看见的是一条破旧不堪的腰带，或者没系腰带，而是直接穿着下装，实在不能说这是一种好的第一印象。因此请大家一定牢记，腰带能不能被对方看到并不是关键，关键是要养成系腰带的习惯。

或许很多人会认为自己"大多时候都是把衬衫放在裤子外面的"，但是当你一旦选择了一条制

男性应该选择宽度在 3cm 左右的腰带，过宽或过窄都很难搭配，请务必引起注意。

作精良的腰带，就会开始享受将衬衫扎进裤子里面的全新风格。例如，需要在衬衫外面再套上一件短外套时，将衬衫扎进裤子里，能够使整体搭配看上去更加平衡。由此可见，腰带在服饰搭配当中并不是不起眼的配角，而是非常重要的点缀。

男性推荐有网纹的腰带。它可以完美搭配牛仔裤或者棉质长裤。颜色方面建议选择深棕色或者黑色。推荐 Anderson's 的网纹腰带，UNITED ARROWS 有售。选用统一色调的鞋、腰带和包等皮革制品，会让整体效果看起来更好。

请尝试在 1.5 万日元左右的价位进行挑选。对于此前没有在腰带方面特别用心的朋友而言，这可能是一笔不小的投资。但是，腰带和包这类皮革制品都属于能使用很久的单品，且一条质地精良的腰带可以传递给对方主人对细节重视的信息，从而给对方留下良好的印象。而且，廉价的腰带在使用过程中会逐渐老化，而售价在 1 万日元以上的腰带则会随着使用时间的延长而慢慢打磨出独特的韵味。因此建议大家不要选择廉价的腰带，而

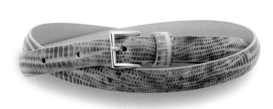

女性应该选择较窄的腰带。也请务必尝试一下将衬衫扎进裤子里的打扮风格。

是认真选择一条材质优良的腰带，况且这样的腰带可以用很久，所以平均下来的花费并不高。因此，选择能够长期使用、价位稍高的腰带反而更划算。

女性请准备一条较窄的皮质腰带。建议选择宽度在 2cm 左右的高品质腰带。颜色方面，推荐深棕色或者浅驼色。在精品店里可以找到这样的腰带。类似 AMBOISE、Ander-son's 这样的专业腰带品牌，在 TOMORROWLAND 有售。腰带是成年人时尚搭配当中非常重要的一个单品。请尝试认真选购一条，作为日常搭配当中的点缀。

包——注意与整个风格的协调

质地精良的包可以提升整体的穿搭水准，是使用起来非常方便的单品。建议按照长期使用的打算用心选择一件质地精良的产品。

顺便说一句，在休息日还拎着商务包的做法是错误的。男性可以选择设计简洁的皮质托特包，这种包无论在商务场合还是私人场合都适用，非常百搭。包不是每年都要换新的东西。请优先选择一个与任何风格都容易搭配的、质地精良的包。颜色最好在藏青色、深棕色和黑色之中选择。推荐男性去 UNITED ARROWS 等精品店，或者在 aniary、HERGOPOCH 这样的专业箱包品牌中选择。目标价位可以定在 3 ~ 4 万日元。价格过低的皮包，会给人一种非常廉价的感觉，因此请不要考虑 20000 日元以下的商品。女性可选择的范围十分广泛，但并不推荐各位选择一眼就能看出品牌的奢侈品。由于包与全身上下的整体风格相一致非常重要，因此有必要在考虑整体平衡的前提下进行选择。推荐品牌包括 TOFF & LOADSTONE 和 PotioR 等，上述品牌在 TOMORROWLAND 和 UNITED ARROWS 等精品店有售。

材质方面，光滑皮革和帆布拼皮材质显得较为高档，推荐给各位。颜色方面，黑色和浅咖啡色都是百搭颜色。请将目标价位定在 4 万日元左右。选择一个基本款的包，不仅休息时可以使用，在商务休闲场合也同样可以使用。

TOFF & LOADSTONE 的包在精品店里有售。简洁的设计，方便搭配任何服装。

这里介绍给各位的包能够与任何服装自然地搭配在一起，与其购买很多廉价的包，不如买一个利用率高、质地精良的更加划算。因此请务必认真为自己选择一个质地精良的包。

　　综上所述，在 Part 3 当中，向各位介绍了值得选购的具体单品。在吸引眼球的单品方面，请大家舍得投入一些预算，而对于牛仔裤这类一眼看上去很难看出价格差别的单品，则可以适当降低预算，通过这种方式平衡整体的预算支出。想要一次性买齐所有的单品会比较困难，因此推荐各位定一个优先级，然后逐渐购入。举例来说，短外套和衬衫属于在穿着打扮当中担当主角的单品，这样的东西会逐渐更新换代，从中可以很容易感受到自己穿着打扮方面的变化。

　　我们需要的不是海量的服装，而是少而精，能够用于各种搭配的服装。请试着一点儿一点儿逐渐选购适合自己的单品，用一年的时间让衣柜焕然一新吧。

搭配鞋和腰带的
男性搭配示意图

宽 3cm 的皮质网纹
腰带，只需一条就
可以搭配各种裤子

虽然所占的面积较小，但
是从正面观察整体服饰搭
配时，会发觉腰带和鞋这
样的小物件反而更有存在
感。即便穿的是牛仔裤或
者棉质长裤这类的下装，
只要系上一条皮质网纹腰
带，就能够使得整体搭配
看上去更加时尚。选用同
色系的鞋和腰带，能够给
人以沉稳的印象。

选择与腰带同色系的鞋，
提升整体的视觉美感

搭配鞋和腰带的
女性搭配示意图

女性选择宽度为 2cm
的腰带最为理想

在女性的服饰当中，鞋和
腰带也属于十分重要的点
缀。因此请适当选择价格
略高的商品。推荐选择宽
度为 2cm 的腰带，比男
性的略窄。利用腰带将上
装扎进裤子里的造型看上
去更加干净。不仅是腰带
和鞋，如果能在颈部和手
腕上增加适当的装饰，也
能够起到提升整体印象的
作用。

女性的鞋选择浅咖啡
色这类较为鲜亮的颜
色，可以使整体风格
看起来更加亮丽

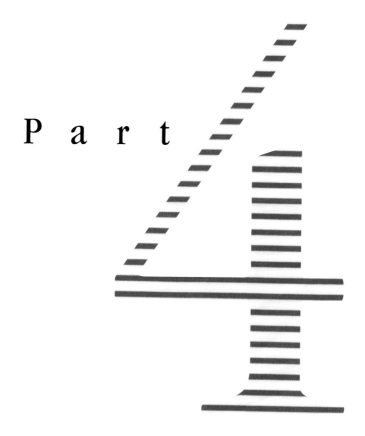

Part 4

把店员当作同伴，
购物乐趣会提升百倍

01
店员最了解服饰

在 Part 4 当中，我想要针对各位实际到店选购商品时，如何与店员沟通交流，使店员成为可信赖的伙伴的相关技巧进行说明。

对你而言，离你最近的服饰专家毫无疑问就是服饰店里的店员。如果不能很好地利用这些专家免费的专业意见，实在是一件很可惜的事情。因此，请积极听取店员的建议。

虽然这本书里讲到了服饰选择方面应该注意的最基本原则，但是仅凭书中文字和图片，是无法根据各位的实际身材提供类似于合适的尺寸、刚刚好的裤长等细致而精确的意见。此时，听取店员的建议就显得尤为重要。这是因为，在时尚穿搭方面，客观性非常重要。

正如 Part 1 当中所提到过的，我们必须要意识到一点，穿着打扮最主要的不是为了自己，而是"别人怎么看"。我们自己往往意识不到什么是对，什么是错，二者之间又有什么样的区别。

举个关于尺码的例子，就会很清楚地说明这一点。在这本书里，我们已经反复提到过很多次关于尺码的事情了，但实际上依然有很多人搞不清楚最适合自己的尺码。即便曾经最合身的尺码，随着身材在逐渐变化也可能变得不再合身。即便是同样的单品，由于具体的品牌不同，也会在尺码方面存在一定的差异。尺码信息应该在听取店员的客观建议的基础上随时更新。

此外，很多人倾向于只选择让自己觉得安心的服饰。这样一来，无论过多久，都无法让自己在穿着打扮方面有所进步。

如果向店员咨询一下推荐的单品，就可能会有机会挑战自己几乎没尝试过的单品。或许很多人会觉得自己不太擅长与店员沟通，在 Part 4 当中，也会介绍一些沟通方面的技巧，让这样的人也能实现与店员轻松沟通。请把店员当成自己的好伙伴。因为只有店员才是你身边最专业的时尚搭配专家。

店员都是时尚专家，请务必积极利用这些我们身边的专业人士，可以跟他们说出你的需求。

02 和店员聊一聊，即使不买也没关系

想必各位已经了解了，在选购服饰时，听取来自店员的客观意见是一件十分重要的事情。然而事实上，依然有很多人并不擅长与店员进行沟通。

我希望各位能认真思考一下，站在什么样的立场上与店员开展沟通交流最合适。

"总觉得一旦开口和店员说话，就必须要把东西买下来了。"在我的客户当中，有很多人都说过类似的话。大概每个人都有过由于无法拒绝店员的推荐，最终把东西买下来的经历吧。店员辛辛苦苦介绍了很多衣服，什么都不买好像总觉得不太好意思。

现在，我要先肯定地告诉各位：**对于店员推荐的商品，即使不买也没关系**。这样做完全没有问题。

我本人也曾经从事过服装销售的工作，对于客人没有购买推荐商品这件事早已经司空见惯了，完全不是什么稀罕事。所以，即便被拒绝，对于店员来说，也并不会往心里去。如果遇到那种客人拒绝购买就摆出一张臭脸的店员，那就说明这不是一家可以让人安心购物的店。这样的店，今后不去也罢。这样一来，就变成了客

人在选择店员，再面对店员的时候，也就不会感觉那么棘手了。

　　去购物时，牢记"不要冲动做决定"也很重要。无论某件商品多么合你的心意，无论试穿了多少次，都不要当场买下来。一开始，最好在下了这样的决心之后再出发去购物。自己预先制定好原则，就很少会出现直接把店员推荐的商品买回家的情况了。只凭直觉去选购服装，很有可能会失误，但如果慎重选择后再购买，则会大大降低失误的概率。因此，请学着习惯不当场决定购买，而是先"拒绝一下"。

从店内的海量西装当中，选出一件适合自己的服装很不容易。即便征求了店员的意见，也不一定就必须要买下来。

03

购物的最佳时间

在苦于服饰选择的人当中，恐怕有一类是"不擅长去买衣服"的人。我很理解他们的想法，他们会觉得好不容易到了休息日，还要特地出门去买东西实在有些不情愿。置身于一片嘈杂之中，这件事本身就已经让他们觉得很累了。

为了能心平气和地选购服装，选择合适的购物时间非常重要。如果店内环境嘈杂，容易让人感到疲劳，无法做出正确的判断。

首先说结论，跟平常工作日一样，商店开门的第一时间是购物的最佳时间。这段时间是商店里一天当中最为清静的时候，因此，可以有条不紊地慢慢试穿，仔细选择适合自己的服装。如果想征求店员的意见，选择店内客人较少的时段可以慢慢听取店员的建议，店员也有充裕的时间来单独接待每位到店的顾客。如果在休息日的午后去购物，店内人声嘈杂，单单置身其中就已经觉得身心俱疲，根本无法做出正确的判断。

举例来说，比如周六，大部分店铺都在上午 11 点开门迎客，最好在这个时间去店里选购商品。理想状态是用两个小时左右的时间逛三家店铺。如前所述，购物时不要马上做决定，而是请有条不紊地试穿各种款式的服装。然后稍做休息，再把相中的衣服一起买回家中，这样的节奏比较理想。

工作日的白天里商店会比节假日人少，很多人都是在下班后到店购物，使得店里环境嘈杂，因此并不推荐这个时间去购物。对于只在平时有时间的各位，建议选择除傍晚外的其他时间段慢慢享受购物的乐趣。**建议越是对购物和服饰选择感到棘手的人，越应该选择商店里客人较少的时段去购物。**

对于一年当中应该在什么时间去选购服装比较合适，基本原则是"尽早选购"。因为服饰的销售是具有季节性的。一般来说，春夏服饰和秋冬服饰分别是在以下时间段推出当季新品：

春夏服饰……3 月—5 月
秋冬服饰……9 月—11 月

可以说，购买服装的"最佳时机"是在当季新品开始发售的时间。在这段时间，尺码齐全，店里顾客也比较少，可以轻松购物。只有在这个让人觉得"选购衣服还为时过早"的时候，店里才摆满了优质商品，因此推荐这个时候去购物。但是，本书当中推荐的单品大部分属于基本款，大多不分季节，一年四季都摆在店里出售，所以可以在任意时间到店选购。

需要提醒各位注意的是，尽量不要在1月或7月这样当季新品的销售期结束后的清仓季购物。这是因为在清仓阶段，即便是很方便搭配的基本款式，也会出现售罄或者尺码不全的情况。

而且，在人声嘈杂的店里想要冷静购物，实在是难上加难。店员都忙忙碌碌的，没有时间慢慢为每位顾客提供合适的建议。在这样的情况下购买的服装，你会有很大概率在未来对其感到不满意。请一定在顾客较少的时间段，找准时机去购物，购物时请认真选择基本款的单品。

比选择购物的时间点和时段更重要的，是如何选择合适的店员。正如前面提到过的，来帮助你选择服装的店员，会在很大程度上左右你的服饰选择。

由于工作的关系，我每周会有四五次拜访各种商店的机会，在这个过程中，我发现确实有各种各样的店员。有的店员打扮入时，但是却一脸冷漠，让人很容易产生距离感；还有的店员虽然极为热情，却又过于强势，很容易让顾客感到倦怠。当然，也有一些懂得与顾客保持适度的距离，而又热情接待顾客的优秀店员。

对于不擅长选购商品，也不擅长与店员交流的朋友，我推荐的方法是不要直接进入店内，而是先在店外悄悄观察。通过这种方式确认店内都有什么样的店员，提前选好"我想要与之交流的店员"。

一开始希望各位寻找的是，穿着基本款、搭配容易博得顾客好感的店员。考虑到后面需要大量听取店员的建议，因此选择穿着打扮与自己的目标近似的店员会比较安心。

此外，事先了解这样的店员是如何接待其他顾客

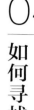

04

如何寻找气场相合的店员

的，这一点也非常重要。请寻找对你而言看上去能够轻松愉快地进行交流的店员。我本人也有经常打交道的店员。因为我们需要向店员提出各种问题，所以最好选择一位能够轻松愉快地进行交流的店员。

即便是时尚搭配方面的专家，店员终究也还是一个普通人，而人本身就分好多种，因此，并不是所有的店员都能为顾客提供专业化的服务。

此外，与店员之间还存在一个气场相合的问题。前面我们已经讲到了"拒绝"的重要性，因此不要因为觉得"这个店员不好对付"而勉强买下不合适的东西。这种情况下，不妨换一家店试试看。

如果能够与店员顺畅地沟通，服饰选择的范围就会变大很多。所以，有必要在店员的选择上下一些功夫。请着重关注以下两点：

● 店员的着装是否为基本款
● 是否看上去能够轻松愉快地进行沟通

去店里选购服饰的时候，务必做的一件事就是试穿。

与客户交谈的过程中，我注意到很多人并不擅长试穿，对试穿抱有一种畏难的情绪。这些人对试穿普遍抱有如下几种印象：

- 来回换衣服很麻烦
- 没觉得试穿是一件很重要的事
- 不愿意拒绝别人

总结起来大致有以上三点。我很理解他们觉得试穿很麻烦的心情。然而实际上，试穿的重要性要远远超出各位的想象。

正如前面数次提到的，想要实现"成年人的时尚穿搭"，了解下面的几个问题非常重要，那就是：是否适合自己的身材；穿着起来的舒适感如何；是否符合自己的风格。这些细节问题，只有通过试穿才能得到确认，因此请务必到店试穿。

05

一定要试穿

或许有人会说："我还是觉得试穿之后不买不太好意思。"但实际上，店员早已经习惯了被拒绝，即使不买也不会对顾客有任何的成见。请在不断拒绝的过程中逐渐习惯试穿。对于店家来说，顾客试穿本身也起到了活跃店内气氛的作用，在一定的范围内，他们反而是非常欢迎顾客试穿的。

试穿时，最好不要只拿一件衣服，而是多选几件一起拿去试穿。正如前面数次提到的，尺码的选择非常重要，因此推荐各位对于同一件单品，也尽量试穿几个不同的尺码。

可能很多人不太了解，在试穿之后应该用什么样的措辞来拒绝购买，其实答案非常简单，只要对店员说"请让我再考虑一下""我等下再来""和我想象的不太一样"就可以了。

第一步请把目标定在大概试穿五件买回一件的程度。**即使试穿了十件才买回一件也没关系。**慎重地反复试穿非常重要。为了实现这一目标，在去店里选购商品前，要为自己定下"不要马上做决定"的原则。

在试穿时，店员的存在也会起到很大的帮助作用。在试穿时招呼店员，不要只说："我想试试这件衣服"，而是试着对店员说："**我想试试这件衣服，能请您帮我看看尺码是否合适吗？**"这样比较好。即便当时门店里没有适合的尺码，店员也可以帮助确认库存，并且帮你准备几个可能适合你的尺码。

此外，还有一个不错的办法，就是把你的需求告诉店员，请他们帮你找一些符合要求的单品。通常我们可能会认为，正常的流程是店员看到我们选中一件单品拿在手里，就会主动走过来给我们提供各种客观意见，其实不然。即便顾客手里拿着并不适合的单品，大多店员不会主动对顾客说："并不建议您选择这件衣服"。因为从店员的角度看，或许顾客真的相中了那件并不适合他的衣服，但作为服装店店员，不能说商品本身的坏话。

在本书当中，已经对实现成年人的时尚穿搭所需要的基本款单品做出了详尽的说明，因此请把自己希望购买的单品告诉店员，请店员和自己一同选择符合

06

试穿时也要借助店员的帮助

要求的商品。

在和店员沟通时，最好提出类似下列较为具体的需求：

"请问哪件是休息时也能穿的简洁款短外套?"

"请问哪件衬衫比较适合搭配我今天穿的这件短外套?"

"请问您有哪些能搭配这件衬衫的下装可以推荐?"

因为店员比任何人都更加了解店内的商品，因此更能够选出符合要求的商品。

不必被动地等待店员来询问需要什么帮助。根据我从事服装销售的经验，从店员的立场来看，并不知道顾客来店里的目的是什么。但是，一旦客人把自己的诉求说出来，店员就能够找到合适的商品加以推荐。而且，能够帮助到顾客，对店员来说也是一件特别开心的事情。去逛街时，请试着把自己的需求传递给店员。他们一定能够提供一些不错的建议。

在试穿之后，希望提醒各位注意的是，一定要走出试衣间，在全身镜前对整体穿着效果加以确认。这一步，也请邀请店员共同完成。

是否合身，袖长是否合适，整体风格是否适合自己。关于这些条目，征求店员的客观意见非常重要。**如果对于整体风格是否适合自己心存疑虑，可以坦诚地询问店员："这件衣服，我总觉得看着不太习惯，请问它真的适合我吗？"**有很多人对自己的身材心存自卑，羞于让店员看到。但实际上，店员每天都在接待各种身材的顾客，并不会在意这件事。因此，请不要害羞，而是积极听取来自店员的客观意见。

顺便说一句，有一条原则叫作**"是否适合自己，三分钟之后再做判断"**。这是我向客户推荐服饰时一定会告诉客户的原则。穿上从前几乎从未尝试过的衣服，大部分人第一反应都会认为"不太适合自己"。这是很正常的一件事。对于没有看习惯的东西，人们通常会认为不适合自己。

因此，在试穿后，不要马上断言"不适合自己"，

07

服饰选择的成功在于『三分钟的忍耐时间』

而是请观察镜中的自己，试着逐渐习惯这样的穿着。

　　举例来说，试穿白色牛仔裤的时候，之前从没穿过的人最初恐怕都会产生一种违和感。但此时，不要马上脱下它，而是应该问问店员："这条牛仔裤搭配什么样的单品比较合适呢？"听到这句话，店员一定会拿来一些适合搭配的单品供你选择。这样一来，面对单独看上去并不太适合自己的白色牛仔裤，你会逐渐感觉似乎也很适合自己了。请务必不只看一件单品，而是与其他单品搭配起来，这样才能够改变原来的看法。这种情况下，需要注意的是等上三分钟，在此期间，觉得自己不适合穿白色牛仔裤的想法应该就会逐渐消失了。

　　如上所述，在成年人的时尚穿搭当中，需要逐渐攻克你原本认为不适合自己的那些单品。为达成这一目标，"三分钟的忍耐时间"非常重要。掌控原本不知道如何穿搭的单品的那一瞬间，是非常令人愉快的，请务必尝试一下。

至此为止，我们已经对去商店选购商品的基本流程进行了讲解。然而，在与客户交谈的过程中，我常常会听到有人说："我总是跟不上时尚的潮流，所以也不太好意思进那些看上去特别时尚的店。"

然而，我在店里与店员进行交流，得到的说法却是"因为每天要接待好多顾客，所以根本没有时间和精力去注意这些"，每一位店员的回答都是如此。对于店员而言，最想要的其实就是有各种各样的顾客能够来店里，试穿各种各样的服装。

因此，请不要心存顾虑，而是要鼓起勇气走进那些时尚店铺，试穿各种类型的服装。对于心里感到不安的各位，建议在选择特定的单品前，先在店里转一转。这样就能逐渐适应店内的氛围了。

如果你目前暂时对自己的穿搭没有信心，可以参考本书中所讲到的内容，首先从优衣库和 GAP 这种任何人都能随便逛一逛的店铺开始，在这种店里选择了一定量的服饰后，再升级为去精品店购物，这也是一种好办法。如果想要为手里现有的某件衣服做搭配，那么

应该穿什么样的衣服去购物？

当天最好穿着那件衣服去店里。与其在店里想象搭配效果，不如真正穿上它再去选购，对店员而言，这样做也方便他们提供更加准确的建议。

另外，考虑到在选购商品时需要试穿，在逛街时选择易穿脱的衣服也很重要。如果光是换衣服就已经消耗了大量的体力，那么购物就会变成一件麻烦事。**不要忘记在外衣的里面穿上内衣，不弄脏商品是最低限度的礼貌。**

以上就是去商店选购服饰时所要遵循的基本原则和做法。如果能够与店员（这些我们身边的时尚专家）进行良好沟通，你选择服饰的水平会提高很多。

参考 Part 3 当中关于内衣的条目，选择可以被衬衫完全遮盖住的低领内衣比较好。

Part 5

能力进阶所需的技巧

01

了解成人服饰选择的基本色

读到这里，我想各位已经掌握了服饰选择的基本原则。在 Part 5 当中，我将为各位介绍一些更为具体的，令成年人的时尚穿搭更为精练的知识和简单技巧。

店铺里有各种颜色的服装，可选择的范围广原本是一件好事，但是真正一眼扫过去，反而不知道选哪个才合适了。

而且，按照前面所提到的选择进行挑选，就会发现符合要求的衣服少得可怜。在十件备选的衣服当中，可能只有两三件符合要求，不过也并没有什么关系。

在 Part 3 当中曾经随各类单品零散地做过介绍，在成年人的时尚穿搭当中，存在着基本色的概念。从海量服饰当中选出适合自己的款式后，与自己的喜好相比，更应该优先选择的是基本色的服饰，这对于实现穿着大方得体的整体效果而言非常重要。

基本色的服饰不会被流行所左右，因此不存在第二年就不能穿了的问题。其一旦被购入你可以穿很长时间，与任何服装都能很好地搭配在一起。

具体来说，基本色包括：藏青色、灰色、白色、浅

驼色、浅蓝色、深棕色和黑色等。

　　在店内选购服饰时，首先请以上述颜色为主。这样的颜色都很容易搭配，与其他颜色搭配在一起也基本不会出错。

　　但是黑色需要特别加以注意。因为不擅长服饰选择的人，往往会倾向于选择可以"简单百搭"的黑色，可是有时这样反而会喧宾夺主，对搭配中的其他颜色产生压制的效果。此外，由于很多人认为"黑色显瘦"，因此会频繁地选择黑色。然而，如果黑色的占比过大，还是会给人以沉重的印象。建议大家避免频繁使用黑色，而是优先选择藏青色或者灰色。与黑色相比，这两种颜色给人的感觉更加柔和，而且和黑色一样具有显瘦的效果。尤其是短外套、针织衫这类在整体搭配当中所占面积较大的单品，最好选择藏青色或者灰色，而不是黑色。

浅驼色：
棉质长裤、
战壕风衣

藏青色：
短外套、外套、
针织衫

浅蓝色：
衬衫

灰色：
短外套、外套、
针织衫

黑色：
鞋、
腰带等皮革制品

深棕色：
鞋、
腰带等皮革制品

基本颜色表

在 Part 1 当中，曾经建议各位淘汰掉衣柜里的大部分衣服。如果当时做不到，那么建议各位现在再次对衣柜进行整理。这本书读到这里，已经在某种程度上对服装进行了筛选的各位，是否选出了一些基本色的服饰呢？请参考这部分为各位提供的颜色表和衣柜照片，重新审视一遍自己的衣柜吧。这样就应该可以了解自己究竟需要什么颜色的服装了。

将自己的衣柜与上一页的基本颜色表进行比较，可以确认自己的衣柜是否有一些变化。

此前我们一直都在以基本款服装为重点进行介绍，但是基本款服装也有一个弱点，就是虽然款式简洁，但有时看上去略显乏味。例如，藏青色短外套 + 白衬衫 + 蓝色牛仔裤的搭配，作为一套大方得体的穿搭虽然已经完成，却显得过于素净了。

这种情况下，"花纹"和"点缀色"就成了很有效的解决方案。在简洁的搭配当中加入一点儿这样的点缀，能够起到画龙点睛的作用，使你从芸芸众生当中脱颖而出。可以尝试一下将白衬衫换成彩色格纹衬衫。有些衬衫的图案和颜色单独看起来略显华丽，但是在外面加一件短外套或者对襟针织开衫，就会减轻视觉上的冲击力，使得整体的穿搭效果看起来更加均衡。

为了在基础搭配当中加入少量的点缀，可以准备彩色格纹衬衫或者浅粉色的衬衫，用起来十分方便。在短外套和下装上使用亮色或格纹进行点缀需要一定的经验。因此，请先尝试在衬衫上做一些改变。推荐各位尝试在薄针织衫或者素色 T 恤上加入一些能够起到提亮效果的点缀。

02

在穿搭中加入两成的点缀

推荐的点缀色包括：紫色、湖蓝、橙色、浅粉色等。

在穿着打扮当中有效加入一些点缀色，可以拓宽搭配的范围。从整体上来看，基本色和点缀色的比例控制在 8:2 较为理想，应该按照这样的比例在基础搭配当中加入点缀元素。这样一来，就可以完成既不过于出挑，也不过于土气的自然搭配了。理想状态下，所有单品整体的颜色分配，也应该是 80% 基本色，余下的 20% 是作为点缀的明快色调。

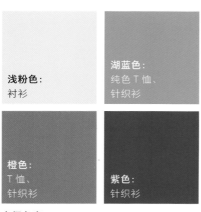

浅粉色：
衬衫

湖蓝色：
纯色 T 恤、
针织衫

橙色：
T 恤、
针织衫

紫色：
针织衫

点缀色表

加入了点缀的搭配示意图　　　　　　简洁款搭配示意图

即便是同样的藏青色短外套和蓝
色牛仔裤的搭配，衬衫从白衬衫
换成了彩色格纹衬衫，给人的感
觉也完全不同了。

加入了点缀的搭配示意图　　　　简洁款搭配示意图

左右两张照片，模特穿的是同一
条简洁款的连衣裙，但右图给人
的感觉略显单调。如果搭配一条
湖蓝色的披肩，则马上有了鲜亮
和华丽的感觉。

前面已经提到过，穿着基本款的服装，需要搭配一点儿小小的点缀，但在这种情况下，重要的不只是单品上的点缀，还有一点就是"非正式的穿着方式"。

举例来说，穿白衬衫的时候，设计上已经非常简洁了，如果再把扣子全部扣得严严实实，就会给人造成一种过于严肃和认真的印象。**在这里，要推荐给大家的解决方法是"卷起袖子"。这是一种最基本的非正式的穿着方式。**

袖子的卷法也有固定的手法。首先把衬衫的一部分

"随意感"是成年人的时尚穿搭当中非常重要的元素。请务必尝试一下卷起袖子，营造出一种非正式的感觉。

袖子用比较宽的宽度卷一下，然后再用较窄的宽度卷两次就卷好了。方法非常简单，请各位务必牢记。

这样把袖子卷起来，会营造出一种轻松随意的氛围。

03

花心思营造出『随意感』

所以，在只穿一件衬衫的时候，请一定试试把袖子卷起来一点儿，营造出一种非正式的感觉。

　　另一种表现出随意感的简单方法，是把牛仔裤或者棉质长裤的裤脚卷起来。和衬衫袖子相同，这样也能营造出一种休闲的感觉。在卷起裤脚时，请留意卷起的"裤边宽度"。如果卷得过宽，就会显得过于孩子气。把裤脚向上折一下，卷出一个宽度在 3～4cm 的裤边效果会比较理想。如果想要营造出更为轻松随意的氛围，可以再向上卷 1～2 次，露出脚踝。

　　像这样，在基本款的单品上稍稍花一点儿心思，看起来的感觉就会大为不同。在穿着基本款的单品时，请一定试一试这种"非正式的穿着方式"。

裤脚卷起的宽度在 3～4cm 较为理想。如图所示，折叠 2～3 次会略显臃肿，因此建议大家只折 1 次。

在 Part 3 中对具体的单品进行介绍时，我曾经说过"很重要的一点是在小配饰方面不要敷衍了事"。在不太起眼的配饰方面不敷衍了事，是时尚搭配当中非常重要的一点，袜子就是这样的配饰之一。选择袜子时，我们会面对两种选择：是选择设计简洁不显眼的普通款式，还是选择作为点缀能够吸引眼球的特别款式呢？

Part 3 当中，我们已经讲到了如何选择不显眼的款式，那就是要选择藏青色或者灰色的纯色袜子。这种情况下，选择没有任何品牌标识和装饰的袜子比较好，尽量选择款式最简洁的那种。一般来讲，在优衣库或无印良品选购即可，但是对材质有更高要求的各位可以去UNITED ARROWS 或者 TOMORROWLAND 选择精品店里自有品牌的袜子。

对于已经在某种程度上掌握了服饰选择基本方法的各位，我建议挑战一下将袜子作为点缀之一来使用。此前介绍给各位的主要是基本款的单品，这也就意味着，其中几乎没有什么能够在穿搭当中起到点睛作用

04

在袜子上增加小情趣的方法

的，能够展现出"俏皮感"的单品。**由于袜子属于面积较小的单品，非常适合展现俏皮感。**顺便说一句，我本人的袜子都是很花哨的。

　　虽然平时看不到，但是在电车上坐下的一瞬间，看见对方穿着颜色鲜艳的条纹袜，你会不会觉得这个人很会打扮？在整体穿搭风格简洁的基础上，在这种不会经常暴露出来的地方加入一点点俏皮感，能够起到很好的平衡效果。因为是袜子这种较小的单品，即便被别人看见了，也不会让对方产生厌恶的感觉。

　　最好从选择不易出错的条纹款开始。条纹越宽，给人的印象越休闲，更推荐各位选择细条纹的单品。

　　选购时，可以去UNITED ARROWS或者TOMORROWLAND这样的精品店找找看。价格在每双1500日元左右。此外，还有像FALKE这样的专业袜子品牌也值得推荐。FALKE的袜子大多属于基本款，如果想要选购颜色较为明快的袜子，更推荐Happy Socks。这个品牌在UNITED ARROWS有售。此外，**夏季卷起裤脚的机会较多，最好准备几双看上去好像光着脚的浅口船袜。**

女性的长筒袜，也推荐在
UNITED ARROWS 或 者 是
TOMORROWLAND 选购。请
选择没有任何装饰的简洁款。

顺便说一句，虽然纯色简
洁款的袜子也可以在量贩店购
买，但是选购有图案的袜子
时，请挑选稍贵一点儿的单品，
这一点非常重要。不只袜子，
所有带有图案的单品，都很容
易看出价格的差别带来品质方
面的差别。价格稍高的单品，
在休闲当中依旧能透出良好的
品位。这一点非常重要，请一
定牢记。

在基本款的基础上展现俏皮感
的条纹袜。想要进一步挑战的
各位，可以选择颜色更加明快
的 Happy Socks。

FALKE 的袜子。光脚穿鞋容易
出汗，也容易产生异味，因此
推荐穿这种袜子。最近在优衣
库也有销售。

05

选择造型简洁，更具质感的眼镜

人的视线往往集中在上半身。在与人交谈时，人们通常是盯着对方的脸。因此，不同款式的眼镜带给对方的印象也会大不相同。也就是说，眼镜属于穿搭中的主力单品。

最近出现了许多价格低廉的眼镜，虽然其中有很多不错的款式，但还是建议大家尽量买材质精良的产品。

我见到过一些人戴着颜色艳丽、款式独特或者镜架过大的眼镜，但是考虑到整体的穿搭平衡性，就会觉得这样的眼镜显得过于抢眼了。如果选择了基本款的服装，那么最好也配合整体风格，选择基本款的眼镜，这一点很重要。

Four Nines 品牌的眼镜售价在 3 万 ~ 4 万日元。眼镜体积虽小，却属于主力单品，因此请选择能长期使用的产品。

根据材质不同，**镜架大体可以分为两种类型：塑料材质的镜架和金属材质的镜架。**前者给人的印象较为温和，后者给人的印象较为严肃，请根据需要进行选择。想要推荐给各位的是棕色系的树脂镜架。其特点在于材质亲肤，能够自然地与面部融为一体，易于搭配。虽然最近很流行黑绿配色的树脂镜架，但是给人的印象过于突兀，请尽量避免佩戴。设计方面，也尽量选择简洁无装饰的款式。

　　越是设计简洁的眼镜，其材质的质感和细节方面的平衡就显得越重要。正如一开始所提到的，选择贵一点儿的眼镜通常不会错。

　　我经常向客户推荐 Four Nines 的眼镜。那里汇集了大量基本款的眼镜。眼镜是兼具重要功能性的单品，需要考虑佩戴舒适性，Four Nines 在这方面也令人放心。这里的眼镜售价一般在 3 万～4 万日元，虽然并不便宜，但希望能够承受得起这笔消费的各位务必加以充分利用。

戴上眼镜后的搭配示意图

即便是纵观整体穿搭，人们也
很容易将目光移到眼镜上。因
此，眼镜也就成了引领穿搭整
体的重要点缀。

与袜子和眼镜一样，饰品也是穿搭当中的点缀之一。然而，关于饰品，男女的选择思路截然不同。

建议各位男性不要佩戴饰品。什么都不戴，能给周围的人留下更好的印象。

而女性则完全不同，如果不佩戴任何饰品，会让人感觉过于严肃。选择了简洁款的服装后，加入一些饰品作为点缀，能够使得整体印象更加平衡。

饰品的选择方式与其他单品基本相同。很重要的原则就是不要过于惹眼，选择与任何服装都容易搭配在一起、设计简洁的款式。想向各位推荐的是 agete 和 JUICY ROCK 的饰品。这两个品牌的产品与本书中介绍的服装搭配在一起，大多能够起到很好的平衡效果。请选择视觉冲击力较弱，容易与其他单品搭配的饰品。

06

选择饰品的思路

女性适当佩戴小饰品能够起到
很好的点缀效果。如果遇到选
择困难，请征求店员的意见，
请店员帮助推荐适合的单品。

提到夏季的代表性服装，恐怕非 T 恤和 POLO 衫莫属了。

我们从成年人的时尚穿搭的角度出发，对这两种单品进行比较。穿 T 恤总会给人一种过于轻松随意的感觉，而有衣领的 POLO 衫则能给人以严肃的印象，实用性更高。**成年人的假日穿搭也需要一定程度上的仪式感，因此在只穿一件衣服的时候，推荐各位选择 POLO 衫**。如果需要在外面搭配衬衫或者短外套的时候，选择 T 恤更合适。

此外，与 T 恤相比，POLO 衫在袖围和宽度的剪裁方面都更加清爽利落，穿着起来显得更贴身。POLO 衫既可以单独穿着，也可以在外面搭配一件短外套，显得大方得体。选购时，请尽量选择没有图案的纯色 POLO 衫。即便有装饰，胸前小小的 logo 已经足够了，此外的其他装饰都要避免。

07

T 恤和 POLO 衫，选哪个才是对的？

颜色方面，白色或者浅灰色会显得有些老气，推荐各位选择藏青色，这种颜色能带给人一种干脆利落的印象。夏季可以选择稍微明亮的颜色，看上去更为清爽，例如可以尝试浅蓝色和浅粉色。**与很有夏季韵味的白色下装长裤相搭配，能够充分体现出季节感，给人以清爽的印象。**

　　推荐各位去UNITED ARROWS或者TOMORROWLAND这样的精品店选购其自有品牌的POLO衫。此外一些进口品牌的POLO衫也值得推荐。具体来说，男性推荐去UNITED ARROWS等精品店选购GUY ROVER、Three Dots等品牌的POLO衫；女性推荐日本本土品牌Scye的POLO衫。以东京为例，银座三越百货有售。

　　POLO衫是夏季穿搭当中的主力单品。请务必认真选择适合自己的优质产品。

POLO衫与短外套的搭配效果非常出众。推荐各位选择纯色无图案的POLO衫。较为理想的选择是精品店里售价在15000日元左右的单品。

如果问"你对什么样的服装有好感"，得到的回答基本是一致的，那就是"具有清爽感的穿搭"。看到这里，应该也有很多人会点头表示赞同吧！

举例来说，如果做一个题为"对异性服装的要求"的问卷调查，呼声最高的一定是有清爽感、款式简洁、有小小的华丽感的穿搭。大多数情况下，"过度的穿搭"往往会起到弄巧成拙的效果。那么，所谓的具有清爽感的穿搭，究竟是什么样子的呢？在这里，我想要再和各位一起思考一下什么是时尚穿搭当中的清洁感。

首先，服装的状态非常重要。松松垮垮的衣服、褪了色的衣服、有破洞甚至散发着异味的衣服……这类衣服无论再怎么清洗，都已经跟"清爽感"这个词无缘了。虽然经常有人对我说"我用东西很珍惜的"，但我们说的并不是一回事。判断衣服寿命的标准并不是它是否还能穿，而是有必要站在第三者的角度来看，这件衣服是否足够干净整洁。除了个别昂贵且质地精良的单品外，一般的服装寿命大多在三年左右。尤其是衬衫和 T 恤，应该被看作是消耗品。如果你穿的还是三年前购买

08

经常提到的『清爽感』究竟是什么？

的衣服，且已经觉得有些松垮了，那么请毫不犹豫地将其淘汰掉。因为这样的衣服已经与"清爽感"背道而驰了。

此外，下面的三条考量标准也和"清爽感"息息相关：

- 设计是否简洁
- 是否使用了乱七八糟的色彩
- 设计是否老旧过时

实际上，"清爽感"也与服装的设计和款式有关。贴身的简洁设计会给人以清爽的印象，而繁复冗余的设计则会产生违和感。在选择运动衫和连帽卫衣时要特别注意。由于这些服装属于家居服的衍生类产品，因此属于很容易在穿着时背离清爽感的单品。

提到清爽感，最重要的一点莫过于"合身的尺码"。 松松垮垮的不合身的衣服看上去会很邋遢，让人感觉不够整洁。

我曾经见过没有很好地调整裤脚的长度，而是将裤脚拖在地上走的人。这当然是不对的。大多数情况下，做旧感往往只是一种自我满足，在旁人看来，只不过是一条破破烂烂的牛仔裤。

此外，还要注意避免尺码过小，穿上紧巴巴的衣服。总结起来就是，只有穿上适合自己身材的服装，才能体现出清爽感。

最后要提到的是指甲、鼻毛、发色、体味等。这些细节也关系到清爽感，同样需要引起注意。**尤其希望各位注意的是鼻毛。无论打扮得如何入时，如果露出了鼻毛，就会全部毁于一旦。**鼻毛剪是必备的工具之一。或许很多人认为这是别人的事，然而实际上，没注意到自己露出了鼻毛的人相当多。因为这是很少会被别人指出的细节，更需要自己多加留意。

发色也与清爽感息息相关。经常会看见把头发染成褐色的男性，征求女性对此的看法，得到的反馈很意外，女性对这样的打扮并没有什么好印象。还是黑色的头发给人感觉更加清爽，也更能给人以诚实可靠的印象。黑发与成年人的时尚穿搭兼容性较好，完全没有必要特地去染成其他颜色。女性如果把头发染成褐色，会比黑发看上去更加轻快。但如果头发开始褪色或者失去光泽，就会背离清爽的感觉，一定要注意日常的养护。

关于体味。这属于自己很难注意到的细节，当然也包括衣服上所沾染上的生活中的气味。这里经常要用到的，是能够消除衣服上异味的除臭剂。虽然使用平日在药店购买的除臭剂也可以，但还是推荐大家去 TOMORROWLAND 等精品店选购 The Laundress 的

**具有清爽感的
穿搭示意图**

发色最好是黑色

每天修剪鼻毛

注意检查服装上是
否有褶皱或者破洞

清爽感是时尚穿搭当中的
重要元素。无论多好的衣
服，如果看上去旧旧的，
也就被白白浪费了。因为
这些都是不会从别人口中
得到的细节，因此请每天
自己仔细确认。

裤脚不要
拖拖拉拉

衣物专用除味剂。喷洒后，衣物就会散发出温和的香气。尤其是对于男性而言，与香水相比，衣物本身散发出的香味更能营造出"清爽感"，能够有效提升好感度，因此要特别推荐给各位使用。

　　以上就是与"清爽感"相关的基本内容。在成年人的时尚穿搭当中，非常重要的一点是注意不要令他人产生不愉快的情绪。为保持"清爽感"，在考虑时尚穿搭的同时，最应该注意的就是以上这些内容。

09

发型也要随年龄而改变

在关于"清爽感"的话题当中，我们曾经提到过关于发色的问题，除此之外，发型也是穿搭当中非常重要的组成部分。无论服装多么整洁得体，如果发型乱乱的，也会让整体的印象大打折扣。可以说，发型对清爽感有着巨大的影响。观察街上来来往往的人，就会发现很多发型影响了整体形象的例子。

● 在只需 1000 日元的理发店随意剪的头发

● 不是去美容院，而是在理发店剪发

● 万年不变地在同一家店里剪发

● 认为换发型是件麻烦事

● 不知道应该如何向美容师提出自己的要求

以上五条，哪怕只符合其中的一条，都有必要重新思考自己的发型了。

话虽如此，**但发型所要追求的目标其实只有一个，就是"没有减分项"**。完全没有必要勉为其难地追逐流行或者一定要显年轻。将目标定为不干扰穿搭的"自然发型"最为重要。

首先，作为大前提，选择"在哪里剪发"非常重要。很多男性会选择在只需 1000 日元的理发店剪发，然而我并不推荐这样做。请试着改为去美容院剪发。使用"所在地区名 + 男士 + 美容院"为关键词进行检索，应该会找到适合男性光顾的美容院。男性出入美容院绝不是什么新鲜事，因此心理上请不要有什么顾虑，一定要去试一试。

对于男性而言，发型最重要的还是具有"清爽感"。人们对头发较长的发型会有比较明显的好恶之分，因此请尽量选择较短的发型。举个通俗易懂的例子，就是推荐各位选择像艺人西岛秀俊或者泽村一树那样的短发。此外，像足球运动员长友佑都那样简洁的短发带给别人的好感度也非常高。总之推荐各位选择适合的简洁短发。

如果发量越来越少，那么不如下决心剪个更短的发型。可以参考渡边谦先生的发型。干脆完全露出额头，反而显得很有男性特质。试着稍微蓄一点儿发，或者加上一点儿类似眼镜之类的小点

获得女性支持率最高的男性发色是黑色。建议在留意清爽感的同时，整体修剪为简洁的款式。搭配合适的眼镜，能够进一步提升清爽的感觉。

女性可以参考艺人的发型。不要害羞，而是要尝试向美容师提出自己的要求。

缀，花上一点儿小心思，就能使整体印象有较大改变。女性长发建议参考井川遥的发型，短发建议参考泷川雅美的发型。

此外，在《Oggi》（小学馆）和《Domani》（小学馆）这样的女性时尚杂志当中，也会有专门介绍发型的版块，可以将这些资料剪下留作参考。把喜欢的发型拍照保存在手机里，然后拿给美容师看，也是一个不错的办法。

剪发时，像这样把作为参考的发型准确地传达给美容师非常重要。如果只是用"稍短一点儿""稍微薄一些"这样含糊不清的词汇，是没有办法让美容师产生一个清晰而具体的印象的。

　　我很理解各位在向美容师提要求的时候，说出具体的艺人名字或者拿出照片会觉得有些难为情。但是，请试想一下，在提要求的时候觉得有些难为情，和每天顶着一头乱发生活下去，究竟哪一个更让人难为情？而且，对于美容师来说，提供可供参考的艺人照片是一件再平常不过的事情。对于他们来说，这是理所当然的事情，因此完全没有必要介意。一旦与他们熟络起来，下一次就不会觉得不好意思了。因此请务必承受一时的难为情，试着与美容师进行一次坦诚的沟通。

　　总而言之，关于发型最重要的两点，一个是要去美容院剪发，另一个是在提出要求的时候为美容师提供具体的参考例子。只要做到了这两点，其余的事情大可以放心地交给美容师去做，就一定能收获理想的发型效果。

　　请选择一个与你的全新穿搭相配的、自然的发型吧！

10

时尚单品的日常保养

对于单品的保养，不仅关系到清爽感，而且在保持成年人的时尚穿搭方面也非常重要。好不容易选购回来的单品，如果持续使用而不加以保养，就会逐渐变旧。因此一定要定期进行保养。保养不用拘泥于严格的时间间隔，只要在大致的时间范围内就可以了。

无论衣服还是鞋，都不要连续穿两天，而是应该穿一天就让它休息两天。请牢记这个循环周期。再好的单品，如果不间断地持续使用，也会有很大的磨损。因此，请一定要几件同类单品轮流使用。

材质当中含有羊毛的服装，如果进行频繁洗涤，羊毛所含的油脂就会被洗掉，变得容易损坏。不仅针织衫，很多短外套和大衣也含有羊毛成分，需要引起各位的注意。这样的衣物每个季度洗涤一次即可，日常可以选择用小刷子轻轻刷掉上面的灰尘，帮助其保持良好的状态。

鞋的保养也非常重要。鞋在买回后，第一次穿着前，最好喷一遍防水喷雾。这样做能够保护皮革表面，使其不易产生污渍。请设定保养时间，维持在每个月一次的程度即可。

在日常的保养过程中，首先要用软毛刷轻轻刷掉表面的污垢，然后使用 M. MOWBRAY 等品牌的半透明状皮革保养膏整体涂抹一遍。如果皮革表面有划痕，可以用与皮革同色的乳化膏进行涂抹修复。翻毛皮的鞋可以先用猪毛刷轻轻刷一遍，然后喷上防水喷雾，保养就结束了。如果鞋有些褪色，可以用专用的补色液进行涂抹修复，使其恢复原本的颜色。

百货商店的鞋靴卖场里可以买到用于保养鞋靴的各种工具。店员会在选购时详细介绍每种工具的使用方法，应该会对各位有所帮助。

保养很重要的一点是要坚持进行。频率方面，只要自己觉得不嫌烦就好。一直牢记并且坚持对各种单品进行保养最重要。

要注意皮鞋和翻毛皮的鞋使用的刷子和保养膏是不同的。这两种鞋都需要在第一次穿之前喷上防水喷雾，之后每个月做一次保养就可以了。

11

服饰的处理方法

在各位的衣柜当中，是不是沉睡着许多平时基本不会穿，却又舍不得扔掉的衣服？比如下面这几种：

● 不知道该如何搭配的衣服
● 里面包含着某些回忆，始终舍不得扔掉的衣服
● 买的时候很贵，但是却完全没穿过的大牌服装

在 Part 1 当中，已经建议过各位对衣柜做一次彻底的"断舍离"。如果想要让自己的穿衣打扮有一个翻天覆地的变化，那么很重要的一点就是要淘汰掉迄今为止所拥有的大部分衣服。

首先要做的不是买新衣服，而是必须要淘汰掉现有的衣服。这个顺序至关重要。话虽如此，很多人都苦于道理都懂却依然舍不得扔，似乎"扔"是一种粗暴对待物品的方式，让人无法接受。

我也属于不擅长扔东西的人，所以我会优先选择的是把衣服"卖出去"。可以把不再穿的衣服拿到诸如 RAGTAG 或者 KOMEHYO 这样的二手店卖掉。这里

可以回收以大牌商品为主的二手服饰。如果是在本书中介绍的精品店里购买的服饰，基本上都可以在这样的店里实现回收。如果不是大牌商品也没关系，只要破损不是特别严重，也都可以卖给其他的二手店。虽然回收的价格不高，但是与直接扔掉相比，还是这种处理办法令人心情更加愉快，因此请积极加以利用。

如果是很难把大量衣物送到店里的人，可以使用纸箱打包后运到店里。这样即使一次淘汰大量的衣物也不必担心了。此外，H&M 也开展旧衣回收，可以用旧衣服兑换店内的折扣券，因此也可以利用家附近的 H&M 来处理旧衣物。

即便是不擅长扔东西的人，只要想到这些旧衣服还可以实现再利用，心情应该也会变好吧。只要有了第一次"卖衣服"的经历，之后再扔东西就会感觉没有那么困难了。将衣物清理到"没衣服可穿"的程度后，就到了开始重新购置新衣服的好时机了。推荐大家每年审视一次自己的衣柜。请务必下定决心试着对自己的衣物进行一次整理。

12

买一面能照见全身的穿衣镜

做任何事，为了提高水平都需要进行练习。服饰选择方面的练习就是反复"试穿"。

将各种各样的衣服实际穿在身上的过程中，会有许多新发现，也能逐渐培养出自己的时尚感觉。在店里大量试穿当然是最好的选择，但是一开始确实会觉得有些不好意思。此时，穿衣镜就成了可信赖的好伙伴。

如果不好意思去店里试穿，那么在家里利用现有的服饰尝试各种搭配也是个不错的选择。多数情况下，洗手间的镜子无法看出全身的整体平衡效果，用起来并不合适。因此请务必在家里准备一面能照见全身的穿衣镜。建议各位在买回新衣服后，当天在镜子前仔细确认这件衣服适合与哪些衣服相搭配。

举例来说，假设我买回了一件藏青色的短外套。首先应该轮流尝试搭配牛仔裤、棉质长裤和西装裤，以确认新短外套是否适合与这些下装搭配在一起。接下来是尝试其与衬衫的搭配效果。白衬衫、格纹衬衫和牛仔衬衫都要试一试，以确认其与每一种衬衫的搭配效果。

只买了一件新的短外套，就能体验到各种各样的搭配可能性。只是买回一件单品，其实很难想象出它与其他衣服搭配在一起是什么样的效果，因此可以站在穿衣镜前尝试不同的搭配，并对其效果加以确认，这一点非常重要。

所谓擅长穿着打扮的人，其实都是这样反反复复试穿的，而且他们一定是进行了大量时尚方面的练习。自认为不擅长穿着打扮的人，从现在开始努力也不算晚。请先在家里反复进行穿搭方面的练习。

可能有人会觉得站在镜子前很难为情。但是，如果不在家里难为情，就会在公共场合难为情。为了提升自己在时尚穿搭方面的自信，逐渐习惯自己全新的形象非常重要。一次次战胜难为情的情绪，也是穿搭改变过程中非常重要的要点之一。

13

与其在意身材，不如在意身姿

在考虑服饰选择的时候，大多数人都会在意自己的"身材"。我向客户推荐服装的时候，听到的类似"这个不适合我的身材""以我的身高，穿这个不太合适"的反馈也出奇地多。事实上，的确是身材比较好的人在服饰方面的选择余地更大。

但是，作为平时为各种身材的客户提供造型设计的设计师，站在我的角度，我认为任何人都可以在目前身材的基础上最大限度地享受穿衣打扮所带来的乐趣。

在我的客户当中，既有身材较胖的人，也有过瘦的人。身高方面也是既有比较矮的人，也有由于个子过高而为穿衣感到苦恼的人。但实际上，占比例最大的还是普通身材的人。对于自己的身材，每个人都或多或少有一些不满意的地方。并且，这种身材上的困扰其实并不是什么大问题。本书中介绍的那些单品，基本上都是适合所有人的。只要是基本款的服装，就不会挑身材，而是任何人都能轻松穿着的。即使是服装选择方面余地较小的人，也可以享受穿搭的乐趣。

如果你认为前面介绍的那些服装不太适合自己，那一定不要归咎于身材的问题，问题的根源恐怕来自你的心里。对自己没有自信的人，也很难给其他人留下很好的印象。本书中所介绍的选择服饰的方法，可以说在任何场合穿着都不会失仪。因此，请对自己的服装充满信心。自信大方的人更容易获得他人的好感，也会结交到更多的朋友。

　　还有一件重要的事，就是身姿。无论穿搭如何时尚，如果走路时不能挺胸抬头，就无法展现出最好的穿搭效果，这是一件非常令人遗憾的事情。反之，即便是个子较矮的人，**如果能将背部挺得笔直，走起路来姿态舒展大方，依然会打**

站立和走路的姿势也会影响到穿搭的效果。请牢记时刻保持挺拔的身姿。从侧面和背面看，背部都不要有弯曲，请在镜子前对自己的身姿进行确认和矫正，同时听取他人的意见。

造出良好的整体风格，也会让身上的穿搭效果明显提升。

我认为，与身材的好坏相比，身体姿态带给穿搭效果的影响更大。请试着观察大街上看起来很会打扮的那些人。你会发现，这些人不仅衣服搭配得好，走路的姿态和整体的风格也洋溢着一种时尚的氛围。

对自己的穿着打扮是否自信，也与能否舒展大方地走路有着很大的关系。我认识很多长得较胖或者个子较矮，但是却在这方面做得很好的人。这些人充分了解自己的身材，并且享受在这种客观条件下挑选服饰的乐趣，这样的人在我看来魅力十足，也对他们充满了好感。

因此，请试着把背挺直，舒展大方地走路。不要一味抱怨自己的身材，而是要有意识地保持正确的身姿。这样一来，你的穿搭效果也会提升两倍甚至三倍。

在掌握了服饰选择的基本原则后，想要获得进一步提升，很重要的一点就是要对各种单品和搭配"见多识广"。通过积累类似"有这种搭配方法啊""还可以选择这样的单品"这样的信息，以实现逐渐突破服饰选择禁区的目的。

阅读时尚杂志是一种非常有效的方法。时尚杂志种类繁多，在这里我想向各位推荐的是如下几本杂志。

想要推荐给男性的是《Begin》（世界文化社）和《MEN'S CLUB》（Hearst 妇人画报社）。《Begin》属于休闲风格的杂志，介绍的大多是基本款的单品，即使是不擅长服饰选择的人，读起来也不会有什么困难。《MEN'S CLUB》介绍的则大多是搭配短外套的成年人假日穿搭，可以作为参考。

想要推荐给女性的是《Oggi》和《Domani》。从这两本杂志当中都可以学到轻松自然的穿搭方式，其介绍的大多数单品都属于适用于任何场合的百搭单品。

14

杂志是磨炼穿搭技巧的教科书

看时尚杂志是有技巧的，那就是每次集中看某一个主题。举例来说，比如现在你的衣柜中缺少一双假日里可以穿的皮鞋，那么就应该把每本杂志里关于皮鞋的内容收集在一起集中阅读。有什么值得推荐的鞋？藏青色的短外套配什么样的鞋更合适？把杂志里关于皮鞋的内容收集在一起集中阅读，能够得到的信息量最大。如果漫无目地地浏览，得到的信息也会是散乱的。因此，首先请按照单品的类别确定主题，然后按主题阅读。如果很明确自己想要什么样的东西，那么最好在书店里翻一翻时尚类的杂志，然后选择刊登了相关信息的杂志买回家。

　　现在不仅有时尚杂志，还出现了大量由造型师和编辑联手出版的时尚搭配方面的书。阅读这些书，也能从书中学到相关的知识。与时尚杂志不同，这些书当中介绍当下流行的内容较少，大多介绍的是基本款的单品和搭配规则。与杂志结合起来阅读效果更好。

　　男性推荐时尚总监森冈弘、松屋银座资深销售人员宫崎俊一的著作，女性推荐时尚造型师大草直子，以及活跃在《Oggi》的编辑三寻木奈保等人的著作，相信会带给你很多启示。此外，相关店铺和造型设计师的博客当中，也有很多内容可以为穿搭提供参考，在这里想介绍给各位的是如下几个：

- 精品店"Cinq essentiel"的博客（http://www.cinqess-entiel.com/blog）
- "UNITED ARROWS"的博客（http://www.united-arrows.jp/store_blog）
- 造型设计师大草直子的博客（http://hrm-home.com/blog/）
- 造型设计师菊池京子的个人主页（http://kk-closet.com/）

利用书籍、杂志和网站，逐渐学习与服饰相关的知识。久而久之，衣柜里不合适的衣服就会变少，你也一定更能体会到时尚搭配带给你的乐趣。

书籍和杂志是最重要的时尚教科书。请选出感兴趣的信息仔细阅读，在这个过程中逐渐磨炼出属于自己的时尚感觉。

15
记穿搭笔记

读到这里，各位是不是也开始对成年人的基本时尚穿搭跃跃欲试了？对于各位，我还有最后一个建议，那就是写"穿搭笔记"。之所以要这样做，是因为想只凭大脑来管理自己的服饰，实在不是件容易的事。说是穿搭笔记，其实并不是什么特别夸张的东西。具体的内容只有两份清单。

首先，要列出自己目前有哪些衣服，以及今后还需要买哪些衣服。这就是**①服饰搭配管理清单**。参考这份清单去购物，整个过程会顺畅很多。另外一份，是记录一年时间里都买过哪些服饰的**②已购服饰清单**。到了年底，可以对照这份清单来确认"这件买得很成功""那件买得比较失败"。通过回顾记录，评判哪些衣服买对了，哪些买得比较失败，这样可以避免今后再出现同样的失误，也能够让购物更加均衡。即便是失败的单品，如果是带有某种具体目的所选购，那么就不算是白白浪费了钱。因此请一定要记笔记。

在这里，对笔记的具体记录方法做一个简单的说明。首先是"服饰搭配管理清单"。请先预设一周的时间，然后设定需要的服饰数量。举例来说，比如五件衬衫、四条裙子等，设定好最低限度的服饰数量。接下来，按照服装的分类，写下目前自己拥有的全部服装。举例来说，"衬衫"类目下，要写上类似"UNITED ARROWS 的白色有领扣衬衫"这样的条目。然后在下面再写出今后想要购买的此类单品。

【衬衫（三件）】

★ UNITED ARROWS 的白色有领扣衬衫

★ THE SUIT COMPANY 的粉色有领扣衬衫

☆ 彩色格纹的正装衬衫

只凭大脑来进行服饰管理绝非易事。通过记穿搭笔记，可以从更加客观的角度看待自己的穿搭。

现有的单品用★表示，今后计划购买的单品用☆来表示，这样区分起来会比较容易。购物时，只需要寻找☆下的单品，也免去了在店里"究竟买什么才好"的烦恼。

接下来要说到的是"已购服饰清单"。在这个清单里，请记录下每件商品的购买日期、购入地点、所购单品名称和价格，最好再写上一句购物感言。在价格的旁边附上打分（5分制）也是很有效的办法。

5/29　THE SUIT COMPANY 的粉色有领扣衬衫　6000 日元（5分）

　　→意外发现粉色适合自己，搭配短外套大概也不错。

只要写一句这样的简单感言就可以了。与刚刚买回来的时候相比，过一段时间再写效果更好。因为那时候对于如何灵活利用这件单品已经有一些想法和思路了。**通过记录这样的穿搭笔记，既能够回顾一年里所购买的单品，也更容易确立今后的目标。**

顺便说一句，我是把这些内容写在手机的备忘录里面的。采取什么样的记录方法都可以，请各位务必尝试一下。

后　记

　　感谢各位坚持读完了这本书。这本书总共分为五个章节，介绍了成年人穿着大方得体所需要的技巧。

　　读到最后，或许会有人认为"从今往后我就是服饰达人了"，然而实际上并非如此。只能说各位至此终于站在了成年人时尚搭配的起跑线上，可以开始享受其中的乐趣了。服饰选择的乐趣还在后面。

　　服饰选择原本没有什么写在纸面上的一定之规。正因为没有具体的规则，所以很多人才会为此而感到烦恼吧？但是今天的你就不一样了。在本书当中，为"成年人的服饰搭配"制定了基本的框架，并且对穿搭的技巧进行了说明。只要遵照这些规则去做，原来那些关于穿搭的烦恼就都会烟消云散，你能够开始享受时尚穿搭所带来的乐趣。在你的人生当中，又多了一桩乐事。

　　只要了解了最基本的技巧，就可以应用于各种场合。即便偶有失败也没有关系，请逐渐拓展自己的穿搭可能性。渐渐地，你也会爱上看时尚杂志和去店里试穿。

　　市面上出售的服饰日新月异。即便是看上去一成不变的白衬衫和牛仔裤，实际上也在随着流行趋势发生变化。也请各位顺应潮流的发展，享受逐渐发生在自己身上的变化。能够享受自身变化的人，一定不会穿过时的老旧服装。请试着走出去，在尝试各种各样服装的过程中，享受发现全新的乐趣。

　　如果这本书能够成为改变你人生的契机之一，我将感到不胜荣幸。最后，向给我机会写这本书的品牌经营咨询师坂之上洋子、cakes的加藤，以及帮助我打磨推敲文字的编辑大熊、平松表示衷心的感谢。发自内心地希望各位读者能够享受时尚，自信满满地度过每一天。

2015 年 6 月

大山旬

图书在版编目（CIP）数据

基本穿搭：适用一生的穿衣法则 / (日) 大山旬著；
肖潇译 . -- 成都：四川人民出版社，2019.3（2022.2 重印）
ISBN 978-7-220-11167-9

Ⅰ. ①基… Ⅱ. ①大… ②肖… Ⅲ. ①服饰美学—基
本知识 Ⅳ. ① TS973

中国版本图书馆 CIP 数据核字 (2018) 第 294435 号

四川省版权局
著作权合同登记号
图字：21-2018-618

DEKIREBA FUKUNI OKANE TO JIKAN WO TSUKAITAKUNAI HITO NO TAMENO ISSHO
TSUKAERU FUKUERABI NO HOSOKU by SHUN OYAMA
Copyright © 2015 SHUN OYAMA
Chinese(in simplified character only) translation copyright © 2018 by Ginkgo(Beijing) Book Co., Ltd.
All rights reserved.
Original Japanese language edition published by Diamond, Inc.
Chinese(in simplified character only)translation rights arranged with Diamond, Inc.
through BARDON-CHINESE MEDIA AGENCY.
本中文简体版版权归属于银杏树下（北京）图书有限责任公司

JIBEN CHUANDA: SHIYONG YISHENG DE CHUANYI FAZE

基本穿搭：适用一生的穿衣法则

著　　者　　［日］大山旬
译　　者　　肖　潇
选题策划　　后浪出版公司
出版统筹　　吴兴元
特约编辑　　李志丹
责任编辑　　王　莹　杜林旭
装帧制造　　墨白空间·张　莹
营销推广　　ONEBOOK

出版发行　　四川人民出版社（成都槐树街 2 号）
网　　址　　http://www.scpph.com
E - mail　　scrmcbs@sina.com
印　　刷　　天津图文方嘉印刷有限公司
成品尺寸　　143mm × 210mm
印　　张　　5.5
字　　数　　105 千
版　　次　　2019 年 3 月第 1 版
印　　次　　2022 年 2 月第 6 次
书　　号　　978-7-220-11167-9
定　　价　　45.00 元